I0028490

Samuel Lopez

Circuit magnétique à haut rendement en acier à grains orientés

Samuel Lopez

Circuit magnétique à haut rendement en acier à grains orientés

Amélioration du rendement des moteurs électriques grâce à l'emploi d'un circuit magnétique en acier à grains orientés

Presses Académiques Francophones

Impressum / Mentions légales
Bibliografische Information der Deutschen Nationalbibliothek: Die Deutsche Nationalbibliothek verzeichnet diese Publikation in der Deutschen Nationalbibliografie; detaillierte bibliografische Daten sind im Internet über http://dnb.d-nb.de abrufbar.

Information bibliographique publiée par la Deutsche Nationalbibliothek: La Deutsche Nationalbibliothek inscrit cette publication à la Deutsche Nationalbibliografie; des données bibliographiques détaillées sont disponibles sur internet à l'adresse http://dnb.d-nb.de.

Coverbild / Photo de couverture: www.ingimage.com

Verlag / Editeur:
Presses Académiques Francophones
ist ein Imprint der / est une marque déposée de
AV Akademikerverlag GmbH & Co. KG
Heinrich-Böcking-Str. 6-8, 66121 Saarbrücken, Deutschland / Allemagne
Email: info@presses-academiques.com

Herstellung: siehe letzte Seite /
Impression: voir la dernière page
ISBN: 978-3-8416-2249-5

Université Lille – Nord de France

Ecole doc. sci. pour l'ingénieur ED SPI 72 F.S.A - Université d'Artois

Définition de nouvelles structures de circuits magnétiques de machines AC utilisant des tôles à grains orientés

THÈSE

soutenue le 15 mars 2011

pour obtenir le grade de

Docteur de l'Université d'Artois

Discipline : Génie Électrique

présentée par

Samuel LOPEZ

Composition du jury

Rapporteurs :	H. BEN AHMED, Professeur, Ecole Normale Supérieure Cachan
	A. MIRAOUI, Professeur, Université de technologie de Belfort
Examinateurs :	J.F. BRUDNY Directeur de thèse, FSA, LSEE
	B. CASSORET, Co-encadrant, FSA, LSEE
	T. BELGRAND, Directeur de recherche R&D, ThyssenKrupp E.Sl
	A. LEBOUC, Directeur de recherche CNRS, Présidente du jury

Laboratoire Systèmes Electrotechniques et Environement (LSEE)

Mis en page avec la classe thloria.

Remerciements

Je tiens à remercier J.F BRUDNY, directeur du laboratoire LSEE et directeur de mes travaux de recherche, de son soutien et de son accueil. La co-direction de ce travail a été menée par Bertrand CASSORET, maître de conférences à l'Université d'Artois, qui a beaucoup apporté à ce travail. Je tiens également à le remercier.

Je remercie Afef LEBOUC, Directeur de recherche au CNRS, d'avoir accepté de présider le jury et pour ses différents commentaires qui ont donné plus de pertinence à mes travaux.

Mes remerciements s'adressent à Hamid BEN AHMED, Professeur à l'Ecole Normale Supérieure de Cachan et à Abdellatif MIRAOUI, Professeur à l'Université de technologie de Belfort, d'avoir accepté de juger ce travail en étant rapporteurs. Leurs commentaires ont enrichi ce travail.

Je tiens également à remercier Thierry BELGRAND, Responsable R&D à ThyssenKrupp Electrical Steel, d'avoir fait partie de mon jury de thèse ainsi que pour son soutien et son apport dans ce projet. Le soutien de ThyssenKrupp Electrical Steel a été très important pour la réalisation de ce travail. A ce titre, je tiens à remercier M. Régis LEMAITRE et M. Jean-Noël VINCENT.

Un grand merci à Ludovic LEFEBVRE, Rémi PENIN et Tifany SZKUDLAPSKI dont le travail a beaucoup apporté à la réalisation de ce projet. Je remercie vivement Carl SCHULZ et Nabil HIHAT, nos échanges ont été très enrichissants.

Je remercie tout le personnel administratif et technique en particulier Didier TOP, Bernadette PHELLION et Magali HOULETTE. Merci à toute l'équipe du laboratoire et les collègues que je n'ai pas cité.

Ce travail a été financé par la région Nord-Pas-de-Calais et les Fonds européens du développement régional (FEDER). Je les remercie de m'avoir permis de réaliser ce travail dans le cadre du pôle MEDEE (maîtrise énergétique des entraînements électriques).

Merci à Prune CORNE pour ses relectures et son soutien, à ma famille et mes amis.

Table des matières

Introduction générale

Depuis le 19ème siècle, le développement considérable des pays industrialisés n'aurait pu se faire sans consommation d'énergie. La production annuelle globale d'énergie dans le monde est passée de moins de 12000 TWh en 1900 à, environ, 25000 TWh en 1955, et à plus de 130000 TWh en 2008 (Jancovici & Grandjean 2006). Aujourd'hui encore la croissance économique, le développement des pays pauvres et la croissance démographique sont indissociables de l'augmentation de la consommation d'énergie.

On comprend donc l'importance de la diminution des besoins en énergie des êtres humains. Une partie de cette diminution peut venir de l'efficacité énergétique qui consiste à diminuer les pertes des appareils afin qu'ils consomment moins d'énergie en rendant les mêmes services. Environ 13.5% de l'énergie consommée en Europe (27 pays) sert à produire de l'électricité. Ce pourcentage devrait augmenter à l'avenir : le pétrole et le gaz se raréfiant, une partie de la consommation concernant le chauffage et les transports devrait se reporter sur l'électricité (pompes à chaleur, transports en commun électriques, véhicules électriques). D'autre part, les sources d'énergie alternatives aux énergies fossiles (renouvelables et nucléaires, tant la fission que la fusion) servent généralement à produire de l'électricité. On comprend donc l'importance de l'efficacité énergétique des appareils électriques. C'est dans ce contexte que se situe notre travail.

La majeure partie de la consommation d'électricité des pays industrialisés est due à des moteurs électriques. Dans l'industrie et les services, ils sont responsables respectivement de 69% et 38% de la consommation d'électricité (Hanitsch 2002). La consommation d'énergie due aux moteurs électriques dans l'Union européenne en 2015 est estimée à 721 TWh par an pour l'industrie et à 242 TWh par an pour le secteur tertiaire (de Almeida et al. 2000). Sur dix ans, les pertes d'une machine à 4 pôles, 11 kW ayant un rendement standard de 87.6 % fonctionnant 10 h par jour à pleine charge, représentent 56800 kWh ; cela signifie que ces pertes seront plus coûteuses que le prix d'achat de la machine (Saidur 2009). La consommation d'énergie des moteurs électriques représente environ 36% de la consommation annuelle européenne d'électricité (2650 TWh). L'utilisation de moteurs électriques à haut rendement réduirait potentiellement la consommation d'électricité de 35.6 TWh par an en Europe, voire de 127 TWh avec des variateurs de vitesse (de Almeidaa & Fonsecaa 2003) ; soit près de 5% de la consommation d'électricité. Diminuer les pertes des moteurs électriques est donc très important dans le contexte énergétique. D'autre part, la consommation d'énergie primaire nécessaire à la production d'électricité diminuerait si les pertes des alternateurs diminuaient.

Les pertes des machines tournantes électriques sont dues pour une large part aux pertes fer dans le circuit magnétique. Les tôles magnétiques utilisées sont, dans la grande majorité des cas, des tôles à grains non orientés (NO). Les tôles à grains orientés (GO), dont les performances sont nettement supérieures, ne sont utilisées que dans les transformateurs et les machines tournantes de forte puissance (plusieurs centaines de MW). En effet, les performances des tôles GO sont meilleures uniquement lorsque l'induction magnétique est dans une direction proche de la direction de laminage (DL). Comme les machines électriques sont caractérisées par un champ tournant, l'utilisation de tôles GO est moins avantageuse. Les machines de forte puissance utilisent des tôles GO découpées en secteurs e.g (Belobrajic 2000) mais cette méthode n'est pas intéressante pour les petites et moyennes machines à cause de la découpe et de l'assemblage ; elles utilisent donc de l'acier NO. Aussi, il paraît opportun de trouver une technique permettant de profiter des bonnes performances des tôles GO dans les machines de petites et moyennes puissances même si elles sont plus coûteuses à fabriquer.

L'étude présentée dans ce mémoire concerne une technique qui permet d'utiliser l'acier GO pour la fabrication de moteurs à haut rendement. En effet, le marché de ce type de machine est de plus en plus large car les standards de rendement deviennent de plus en plus exigeants, certains étant obligatoires dans plusieurs pays, ce qui représente un marché potentiel pour ce type de machine (de Almeida 1998). D'autre part, cette étude donne des nouvelles perspectives pour l'application de l'acier GO. Le principe proposé et étudié dans ce mémoire représente une toute nouvelle application pour ce matériau.

Le chapitre 1 nous présente le contexte du projet, la technique actuelle de fabrication de moteurs électriques ainsi que les différents facteurs qui influencent leur rendement. Nous développerons ensuite les différents caractéristiques de l'acier magnétique ayant une influence sur les performances de ces derniers. Nous verrons enfin les applications des différentes nuances d'acier existantes sur le marché et les caractéristiques de celles utilisées pour les expérimentations. Cette caractérisation est basée sur des essais réalisés par nos soins au cadre Epstein.

Ayant établi le contexte du projet, le chapitre 2 expose le principe de décalage des tôles GO. Le principe proposé consiste à décaler les tôles superposées de manière à offrir au flux magnétique, quelle que soit la zone considérée du circuit magnétique, un trajet proche de la DL. Cela signifie que le flux se réparti naturellement dans l'empilement de tôles selon le principe de minimisation de l'énergie. Des essais préliminaires à ce travail (Hihat et al. 2010*b*), réalisés sur des disques empilés, ont permis de valider le principe et de déposer un brevet (Brudny et al. WO 2009/030779 A1). Toutefois, il valait mieux comprendre le comportement de la structure décalée GO afin de mettre au point et d'optimiser la technique, vérifier son efficacité sur de vraies machines, quantifier les performances, mieux comparer les résultats à ceux obtenus avec des tôles NO et envisager les conséquences sur la fabrication des machines. Ce principe est tout d'abord testé à l'aide de prototypes de noyaux magnétiques en champ unidirectionnel. Ces expérimentations montrent que pour la même masse de fer, un circuit magnétique présente moins de pertes fer et une réduction du courant magnétisant comparé à un circuit magnétique conventionnel à base de NO.

Afin de comprendre les résultats globaux mesurés, un modèle basé sur un réseau de réluctances non-linéaires est utilisé. Le modèle montre la répartition locale du flux magnétique, qui est à l'origine des performances globales du circuit. Les résultats du modèle permettent de définir la meilleure configuration pour la structure décalée.

Le chapitre 3 concerne l'analyse des performances de ce décalage en champ tournant. Les différences essentielles, quant aux pertes fer, suivant qu'une structure est soumise à un champ unidirectionnel ou tournant sont exposées. Les expérimentations sont réalisées sur des prototypes appelés "Moteurs statiques" excités en triphasé ayant une géométrie proche de celle d'une machine tournante. Les résultats obtenus en champ tournant confirment ce qui a été mesuré avec les prototypes en champ unidirectionnel : même en champ tournant, la superposition des directions de haute et basse perméabilité permet de globalement augmenter les performances du circuit.

Les résultats d'expérimentations sur des machines réelles sont exposés au chapitre 4. La façon de réaliser des circuits magnétiques statoriques des machines qualifiées de machines GO est présentée. Le principe de prédétermination des caractéristiques de ces machines mettant le principe de séparation des pertes est développé conformément à ce que préconise la norme IEC. Il apparaît que la machine GO permet une augmentation sensible du rendement d'une machine de petite et moyenne puissance.

Finalement, une analyse des perspectives sur la suite de ce travail est réalisée. Elle concerne le bruit magnétique et l'utilisation d'une nuance GO plus fine ou de haute perméabilité.

Glossaire

Abréviations
Tôle ou acier NO : Tôle ou acier à grains Non-Orientés
Tôle ou acier GO : Tôle ou acier à Grains Orientés
DL : Direction de Laminage
DT : Direction Transverse
DN : Direction Normale
Alphabet latin
-b-
b : Induction magnétique
b_g : Induction globale
b_l : Induction locale
b^s_{ctg} : Induction tangentielle dans la culasse
b^s_{cn} : Induction normale dans la culasse
b_e : Induction d'entrefer
b^s_c : Induction culasse
$b^s_{c(tf)}$: Induction dans le tube de flux
b^s_{cext} : Induction à l'extérieur de la culasse
b^s_{cn} : Induction normale
b^s_{ctg} : Induction tangentielle
$\hat{b}$: Induction magnétique crête
$\hat{b}_s$: Induction crête à saturation
$\hat{b}_g$: Induction globale crête
$\hat{b}_l$: Induction locale crête
$\hat{b}_p$: Induction crête équivalente en parallèle
$\hat{b}_e$: Induction crête d'entrefer
$\hat{b}^M_e$: Induction crête d'entrefer moteur
$\hat{b}^s_c$: Induction crête culasse
$\hat{b}^s_{cext}$: Induction crête à l'extérieur culasse
$\hat{b}^s_{cn}$: Induction normale crête
$\hat{b}^s_{ctg}$: Induction tangentielle crête
$\vec{b}$: Vecteur d'induction
$\vec{b}^c_s$: Vecteur d'induction culasse
$\vec{b}^r_c$: Vecteur d'induction rotor
$< b >$: Induction Moyenne
$\left\langle \hat{b}_{e(pd)} \right\rangle$: Induction moyenne dans un pas dentaire
$\left\langle \hat{b}_d \right\rangle$: Induction moyenne dans la dent

$\left\langle \hat{b}_c^s \right\rangle$: Induction crête moyenne dans la culasse
$\left\langle \hat{b}_r^s \right\rangle$: Induction crête moyenne dans la rotor
-c-
C, C_0, C_1 et C_2 : Constates expérimentales
$C_{c(dyn)}^{(\approx)}$: Constante pertes dynamiques champ unidirectionnel
$C_{c(stat)}^{(\approx)}$: Constate pertes statiques champ unidirectionnel
$c_{dV^s(stat)}^{(\approx)}$: Constante pertes statiques d'un volume dV^s
$C_{c(dyn)}^{\prime(\approx)}$: Constante pertes dynamiques champ unidirectionnel
$C_{c(dyn)}^{(\approx)}$: Constante pertes dynamiques champ unidirectionnel
$c_{dV^s(stat)}^{(\approx)}$: Constante pertes statiques champ unidirectionnel
$C_{c(stat)}^{\prime(\approx)}$: Constante pertes statiques champ unidirectionnel
$C_{c(stat)}^{(\approx)}$: Constante pertes statiques champ unidirectionnel
$C_{ctg(dyn)}^{(3\approx)}$: Constante pertes totales dynamiques tangentielles en champ tournant
$C_{cndyn}^{(3\approx)}$: Constante pertes totales dynamiques normales en champ tournant
-d-
d : Epaisseur des tôles
D_{ext} : Diamètre extérieur
D_{int} : Diamètre intérieur
D_{ale} : Diamètre d'alésage
dR^s : Epaisseur paliers
$d\alpha^s$: Angle différentiel
d^s : Référence spatiale
dV^s : Différentiel de volume
d^s : Référence spatiale
dS : Elément différentiel de surface
-e-
e_{spire} : f.e.m spire
e : Epaisseur d'entrefer
e_{iso} : Epaisseur isolant
e_μ : Tension impédance magnétisante
Eq : Entrée bobinage phase q
e_a : f.e.m Enroulement Auxiliaire
e_μ : f.e.m impédance magnétisante
E_a : Valeur efficace de e_a
E_μ : f.e.m de l'impédance magnétisante
e_{bob} : f.e.m induite sur un pôle
e_{bob-1} : Fondamental de e_{bob} à 50 Hz
$\hat{e}_{bob-1}$: Valeur crête de e_{bob-1}
e_{bc} : f.e.m bobinage de contrôle
e_{bc-1} : Fondamental e_{bc}
$\hat{e}_{bc-1}$: Valeur crête du fondamental de e_{bc-1}
$\hat{e}_{spire}$: f.e.m spire Crête
E_{cm}^s : Epaisseur totale statorqie

E_{cm}^{τ} : Epaisseur totale rotor
-f-
f : fréquence d'excitation
-g-
GO_{30} : Acier M 130-30 S
GO_{35} : Acier M 140-35 S
$GO_{35}\beta°$: Couronne statorique fabriquée avec GO_{35} et décalée de $\beta°$
$GO_{35}90°$: Couronne statorique décalée de 90°
$GO_{35}60°$: Couronne statorique décalée de 60°
$GO_{35}45°$: Couronne statorique décalée de 45°
$GO_{35}30°$: Couronne statorique décalée de 30°
$GO_{35}00°$: Couronne statorique décalée de 00°
$GO_{35}^{\tau}\beta°$: Moteur statique fabriqué avec GO_{35} et décalé de $\beta°$
$GO_{35}^{\tau}90°$: Moteur statique décalée de 90°
$GO_{35}^{M}90°$: Moteur asynchrone dont le stator est fabriqué avec GO_{35} et décalé de 90°
$GO_{35}^{M}60°$: Moteur asynchrone décalé de 60°
g_{tg} : Constante géométrique tangentielle
g_n : Constante géométrique normale
-h-
h : Champ magnétique d'excitation
$\hat{h}$: Champ magnétique d'excitation crête
$\hat{h}_g$: Champ magnétique d'excitation global crête
$\hat{h}_l$: Champ magnétique d'excitation local crête
$\hat{h}_p$: Champ magnétique d'excitation équivalent en parallèle
$\vec{h}$: Vecteur de champ magnétique
$< h >$: Champ d'excitation moyen
H_c : Champ coercitif
h_{fer} : Hauteur du circuit magnétique
h_s^c : Hauteur culasse
h_r^c : Hauteur rotor
h_d^s : Hauteur dents
HGO_{23} : Acier M 85-23 P
HGO_{30} : Acier M 105-30 P
HGO_{35} : Acier M 125-35 P
$HGO_{30}^{\tau}90°$: Moteur statique fabriqué avec HGO_{30} décalé de 90°
$HGO_{23}^{\tau}90°$: Moteur statique fabriqué avec HGO_{23} décalé de 90°
$HGO_{35}^{\tau}90°$: Moteur statique fabriqué avec HGO_{35} décalé de 90°
$HGO_{23\rightarrow 30}^{\tau}90°$: Moteur statique $HGO_{23}^{\tau}90°$ à partir de $HGO_{30}^{\tau}90°$
-i-
i_p : Courant bobinage primaire
i_p : Courant efficace bobinage primaire
i_s : Courant bobinage secondaire
I_p : Courant efficace bobinage secondaire
i_{μ}^{τ} : Courant magnétisant
$i_{\mu a}^{\tau}$: Courant magnétisant actif
$i_{\mu r}^{\tau}$: Courant magnétisant réactif
I_{μ} : Courant magnétisante efficace

$I_{\mu r}$: Courant magnétisante réactive efficace
$I_{\mu a}$: Courant magnétisante active efficace
in_σ : Indicateur de l'écart type
i_{p1} : Courant primaire maquette 1
i_{p2} : Courant primaire maquette 2
i_s : Courant statorique
I_s : Courant efficace statorique
I_{scc} : Courant efficace à rotor calé
I_{s0} : Courant efficace à vide
I'_r : Courant efficace rotorique ramenée au stator
i_q^M : Courant d'alimentation phase q
-j-
j : Coordonnée verticale
$\hat{J}_s$: Polarisation magnétique à saturation
j_x : Polarisation magnétique sens x
j_y : Polarisation magnétique sens y
$\hat{j}$: Module de la polarisation magnétique
-k-
k_f^s : Coefficient de foisonnement
k^a : Coefficient de bobinage
k'^a : Coefficient de Kapp
$K_{(y^{**})}^{s(\approx)}$: Constante champ unidirectionnel
$K_{c(dyn)}^{s(\approx)}$: Constante pertes dynamiques champ unidirectionnel
$K_{tg(y^{**},p)}^{s(3\approx)}$: Constante pertes tangentielles champ tournant
-l-
l_{fer} : Longueur de fer
l_p : Inductance de fuite primaire
l : Longueur moyen de fer
L_μ : Inductance Magnétisante
l_s : Inductance de fuite statorique
l_a : Inductance de fuite bobinage auxiliaire
l'_r : Inductance de fuite rotorique ramenée au stator
L_μ^τ : Inductance magnétisante en champ tournant
l_m : Largeur moyenne dent
l_{fer}^M : Longueur de fer
$l60_1$: Emplacement bobine exploratrice 1 $GO_{35}60°$
$l90_1$: Emplacement bobine exploratrice 1 $GO_{35}90°$
$l60_2$: Emplacement bobine exploratrice 2 $GO_{35}60°$
$l90_2$: Emplacement bobine exploratrice 2 $GO_{35}90°$
-m-
M_s : Point M
m : Rapport de spires
-n-
n : Nombre de tôles pour une période spatiale de décalage
n_p : Nombre de spires bobinage primaire
n_s : Nombre de spires bobinage secondaire
n^1 : Conducteurs en série par phase

N : Nombre de mesures moyennées
n^a : Nombre de conducteurs par encoche du bobinage auxiliaire
n^s : Nombre de conducteurs par encoche du bobinage statorique
N^s : Nombre de dents statoriques
n_{dV^s} : le nombre total de volumes dV^s
NO_{35} : Acier M 235-35 A
NO_{50} : Acier M 400-50 A
NO_{65} : Acier M 700-65 A
NO_{50}^{τ} : Moteur statique fabriquée avec NO_{50}
$NO_{50}^{\tau}00°$: Moteur statique NO_{50} décalée de 00°
$NO_{50}^{\tau}90°$: Moteur statique NO_{50} décalée de 90°
NO_{35}^{τ} : Moteur statique NO_{35}
NO_{35hypo} : Moteur statique hypothétique NO_{35}
$NO_{50}^{M}60°$: Moteur asynchrone dont le stator est fabriqué avec NO_{50} et décalé de 60°
NO_{65}^{M} : Moteur asynchrone dont le stator est fabriqué avec NO_{65}
N_s : Point arbitraire N
-o-
O : Axe central statorique
-p-
p : Nombre de paires de pôles
P_{fer} : Pertes fer totales
P_{sta} : Pertes statiques
P_{cla} : Pertes classiques
P_{exc} : Pertes par excès
P_m : Pertes spécifiques
p_{fer} : Pertes fer totales par cycle
p_{sta} : Pertes statiques par cycle
p_{dyn} : Pertes dynamiques par cycle
P_l : Pertes locales
P_{ml} : Pertes massiques locales
$\overline{P_{ml}}$: Pertes massiques locales moyennes
P_{fer}^{τ} :Pertes fer totales en champ tournant
P_{sta}^{τ} : Pertes statiques champ tournant
P_{exc}^{τ} : Pertes par excès champ tournant
P_{cla}^{τ} : Pertes classiques en champ tournant
p_{sta}^{τ} : Pertes statiques par cycle en champ tournant
p_{dyn}^{τ} : Pertes dynamique par cycle en champ tournant
p_{fer}^{τ} : Pertes totales par cycle en champ tournant
P_{cc} : Pertes totales à rotor calé
p_m : Pertes mécaniques
p_{cte} : Pertes constantes
p_s : Pertes enroulements statoriques
P_{fe} : Pertes fer machine asynchrone
P_0 : Pertes totales à vide
P_{M1} : Pertes totales machine 1
P_{M2} : Pertes totales machine 2
P_1 : Puissance d'entrée

P_u : Puissance utile
P_δ : Puissance d'entrefer
p_r : Pertes enroulement rotorique
P_T : Pertes totales
$P^{s(\approx)}_{c(dyn)}$: Pertes totales dynamiques champ unidirectionnel
$P^{s(\approx)}_{c(stat)}$: Pertes totales statiques champ unidirectionnel
$p_{\delta V^s(dyn)}$: Puissance δV^s
p_{spire} : Puissance Spire
$P^{s(3\approx)}_{ctg(dyn)}$: Pertes totales dynamiques tangentielles en champ tournant
$p_{dV^s(dyn)}$: La puissance due aux effets dynamiques consommée par dV^s
$p_{dV^s(sta)}$: Pertes statiques d'un volume dV^s
$P'^{s(\approx)}_{c(dyn)}$: Puissance totale dynamique
$p_{\delta V^s(stat)}$: Pertes fer statiques volume δV^s
$P'^{s(\approx)}_{c(stat)}$: Pertes statiques champ unidirectionnel
$p_{\delta V^s_{tg}(dyn)}$: Puissance dynamique tangentielle d'un élément δV^s
$p_{\delta V^s_{n(dyn)}}$: Puissance dynamique normale d'un élément δV^s
$p_{dV^s_{tg}(dyn)}$: Puissance dynamique tangentielle d'un élément dV^s
$p_{dV^s_{n(dyn)}}$: Puissance dynamique normale d'un élément dV^s
$p_{dV^x_{n(dyn)}}$: Puissance dynamique
$P^{s(3\approx)}_{cndyn}$: Pertes totales dynamiques normales en champ tournant
$P^{s(3\approx)}_{ctg(sta)}$: Pertes tangentielles statiques en champ tournant (stator)
$P^{s(3\approx)}_{cnsta}$: Pertes normales statiques en champ tournant (stator)
$P^{r(3\approx)}_{ctg(dyn)}$: Pertes tangentielles dynamiques en champ tournant (stator)
$P^{r(3\approx)}_{ctg(sta)}$: Pertes tangentielles statiques en champ tournant (rotor)
$P^{r(3\approx)}_{cndyn}$: Pertes normales statiques en champ tournant (rotor)
$P^{r(3\approx)}_{cnsta}$: Pertes normales statiques en champ tournant (rotor)
-q-
q : Phase
Q_0 : Puissance réactive à vide
Q_{cc} : Puissance réactive rotor calé
Q_μ : Puissance réactive consommée par L_μ
-r-
R_M : Rayon point M
R_{moy} : Rayon moyen
r_p : Resistance primaire
R_μ : Résistance des pertes fer
R_k : Réluctance de la position k
$R_{k,j}$: Réluctance de la position (k,j)
R_e : Réluctance d'entrefer
R_{ale} : Rayon d'alésage
r_s : Résistance statorique
r_a : Résistance bobinage auxiliaire
r'_r : Résistance rotorique ramenée au stator
R^τ_μ : Résistance pertes fer en champ tournant

R_m : Rayon moyen dent
R_r : Rayon rotorique
r'_r : Résistance rotorique ramenée au stator
x'_r : Réactance de fuite rotorique ramenée au stator
R_μ : Résistance permettant de caractériser les pertes fer
$r_{s(0)}$: Valeur mesurée de résistance statorique
r_s : Valeur corrigée de résistance statorique
$R_{r\mu}$: Résistance équivalente rotorique et magnétisante
R_t : Résistance totale équivalente
r_{spire} : Résistance Spire
R^s_{cmoy} : Rayon moyen culasse
R^s_{ext} : Rayon Extérieur culasse
R^s_{cint} : Rayon intérieur stator
R'^s_{cmoy} : Rayon moyen culasse fictive
R'^r_{cmoy} : Rayon moyen rotor fictif
R^s : Coordonnée radiale
R^s_{int} : Rayon interne
R^r_{cmoy} : Rayon moyen rotorique
R^r_{ext} : Rayon rotorique extérieur
R^r_{int} : Rayon rotorique intérieur
-s-
S : Section circuit
S_{fer} : Puissance apparente
Sq : Sortie bobinage phase q
S_{pd} : Surface d'un pas polaire
S_d : Surface d'une dent
S_p : Surface polaire
s : Glissement
S_{cm} : Section circuit magnétique
s^s_{tf} : Section du tube de flux
$s1$: Conducteur statorique 1 (entrée)
$s'1$: Conducteur statorique 1 (sortie)
-t-
$T_{(0)}$: Température de mesure
T : Température de correction à charge
-u-
u_s : Tension composée statorique
U_s : Tension composée d'alimentation efficace
U_{scc} : Tension composée efficace rotor calé
-v-
v_s : Tension bobinage secondaire
V_s : Tension efficace bobinage secondaire
v_p : Tension bobinage primaire
$\hat{v}_p$: Tension primaire crête
v_{s1} : Tension primaire maquette 1
v_{s2} : Tension primaire maquette 2
V_s : Tension efficace statorique

v_q^M : Tension simple d'alimentation phase q
-x-
$X_{\mu ini}$: Valeur initiale de X_μ
x_s : Réactance de fuite statorique
x_{sini} : Réactance de fuite statorique initialle
X_μ : Réactance magnétisante
$X_{r\mu}$: Réactance équivalente rotorique et magnétisante
X_t : Réactance totale équivalente
X_μ : Réactance magnétisante
-y-
y : Population étudiée
$Y_{r\mu}$: Admittance rotorique et magnétisante
y^s : Coordonnée radiale culasse fictive
y^{s*} : Rapport entre le diamètre intérieur et extérieur de la culasse
y^{r*} : Rapport entre le rayon intérieur et extérieur dans le rotor
-z-
z : Référence perpendiculaire
Z_r : Impédance rotorique
Z_t : Impédance totale équivalente
Alphabet grec
-α-
α : Angle entre l'induction et la direction de laminage
α_{th} : Angle entre la DL et la direction tangentielle
α^s : Abscisse angulaire
-β-
β : Angle décalage
-δ-
δ^s : Déphasage temporaire
$\Delta\theta$: Angle différentiel
δV^s : Volume élémentaire
ΔP_{M12} : Différence des pertes entre P_{M1} et P_{M2}
-ϵ-
ϵ^e : fmm entrefer
$\hat{\epsilon}^e$: fmm crête d'entrefer
-η-
η : Rendement moteur
-θ-
θ : Référence polaire
θ^s : Coordonnée angulaire statorique
-μ-
μ : Perméabilité
μ_r : Perméabilité relative
μ_0 : Perméabilité du vide
μ_{rz} : Perméabilité suivant la direction normale
μ_{fer} : Perméabilité du fer
μ^s : Perméabilité matériau stator
-ξ-

ξ : Coefficient de Steinmetz
-ρ-
ρ : Résistivité électrique
-σ-
σ : Conductivité électrique
σ_{type} : Ecart type
-φ-
$\langle\phi_e\rangle$: Flux moyen d'entrefer
φ_s^c : Flux circuit magnétique
φ_{tf} : Flux du tube de flux
-χ-
χ : Angle de restriction pour le flux
-ψ-
ψ_{aq} : Flux embrassé par la phase q du bobinage auxiliaire
Ψ_p : Flux enroulement primaire
$\hat{\Psi}_p$: Flux enroulement primaire crête
Ψ_{spire} : Flux spire
-ω-
ω : Fréquence angulaire
Autres symboles
$\Re_{tf}$: Réluctance tube de flux
$\Re$: Réluctance équivalente
$\wp_{cm}^s$: Longueur de fer

1

Machines électriques et circuits magnétiques

Ce chapitre précise le contexte de l'étude. Une présentation des différentes pertes qui apparaissent dans une machine asynchrone ainsi que leur classification, d'après les différentes normes internationales en vigueur, introduit ce chapitre. Afin de montrer l'originalité du projet, nous nous proposons ensuite de faire le point sur les applications des différentes nuances d'acier magnétique doux qui se trouvent sur le marché. Cette présentation résulte de l'analyse de plusieurs brevets internationaux et de publications récentes sur le sujet. Finalement, des concepts clefs sur les pertes fer ainsi que les caractéristiques des différentes nuances utilisées dans la fabrication de circuits magnétiques sont présentés. Ces caractéristiques sont, d'une part, données par le fabricant, et d'autre part, mesurées par nos soins sous des conditions spécifiques à l'aide du cadre Epstein normalisé. Cette caractérisation nous permet d'obtenir des informations supplémentaires à celles données par les fournisseurs.

1.1 Les machines électriques et leurs pertes

1.1.1 Circuit magnétique

Le but de cette étude est le développement d'un circuit magnétique utilisant des tôles GO qui sont peu employées dans les machines tournantes, notamment de petites et moyennes puissances. Il est donc intéressant de faire le point sur les techniques actuelles de fabrication de ces circuits. Leurs principales fonctions sont l'établissement aisé du flux magnétique, le maintien des conducteurs, la conduction thermique entre conducteurs et zones de refroidissement et, finalement, la capacité d'assurer la rigidité mécanique de la structure. Pour cela, le circuit magnétique doit avoir de bonnes caractéristiques thermiques, magnétiques et mécaniques.

Pour établir, en termes de pertes fer, une classification des machines, nous ne considérerons que le régime permanent établi. Il existe deux principaux types de machines tournantes : à courant continu et à courant alternatif. Dans le premier cas le champ magnétique dans le stator est principalement statique. Les pertes fer sont donc faibles et elles sont dues essentiellement aux effets de denture (papillotement des lignes de champ).

Dans ce type de machine, on utilise de l'acier NO d'une épaisseur de 0.65 mm à 3.5 mm. En considérant les machines traditionnelles, il apparaît que stator et rotor des machines asynchrones, stator des machines synchrones et rotor des machines à courant continu, sont soumis à une induction fondamentale variable. Cette dernière engendre des pertes fer relativement importantes auxquelles s'ajoutent les pertes fer "haute fréquence" liées aux effets de denture. Ces pertes HF apparaissent également au niveau du rotor des machines synchrones. Afin de réduire les pertes fer, on utilise des circuits magnétiques feuilletés avec des tôles au silicium de faible épaisseur (moins de 1 mm) [1]. Les tôles magnétiques le plus souvent utilisées sont les NO classées par la norme (EN10106 1996). Dans la suite de ce mémoire nous ne nous intéresserons qu'aux machines tournantes à courant alternatif qui seront qualifiées de "machines tournantes AC" ou tout simplement "machines AC".

Les tôles GO ne sont que rarement employées dans la construction de machines tournantes à cause des changements de direction des lignes d'induction. Cependant, concernant les machines de grande puissance (générateurs hydroélectriques ou turbogénérateurs), l'utilisation des tôles segmentées étant obligatoire à cause des dimensions des machines (supérieures à celles des plaques délivrées par les fournisseurs), l'utilisation de tôles GO placées dans le sens du flux devient rentable, et est même préconisée dans certains cas pour des questions de transport.

Les tôles découpées et isolées [2] sont empilées pour former la pièce magnétique (stator ou rotor). L'empilement est ensuite pressé afin de réduire le foisonnement à une pression minimale de 160 MPa. Ce pressage est ensuite généralement maintenu par des tiges isolées externes au circuit magnétique (Brutsaert & Laloy 2006*a*). La majorité des constructeurs imprègne l'ensemble du stator et du bobinage par trempage, sous vide et pression, avec une résine époxyde. Cela permet une parfaite compacité de l'isolation, d'où une résistance aux tensions de choc ainsi qu'une isolation aux agents extérieurs, notamment à l'humidité, et aux efforts électrodynamiques en court-circuit.

Les tôles sont généralement découpées en une seule pièce si le diamètre extérieur n'est pas trop important (1.25 m maximum), chacune d'elles ayant la forme d'une couronne circulaire (figure 1.1). Si le diamètre est trop grand, les tôles sont découpées en segments et sont ensuite empilées et assemblées. En règle générale, on évite la découpe en segments car elle est onéreuse et chronophage. Chaque tôle a plusieurs encoches dans lesquelles le bobinage est placé, elles peuvent être découpées en même temps que la couronne ou après. Dans les machines de haute puissance, les tôles sont groupées en paquets de 35 à 50 mm d'épaisseur. Ces derniers sont séparés par des canaux de ventilation de 4 à 10 mm de largeur (Brutsaert & Laloy 2006*b*).

1.1.2 Pertes dans les machines tournantes AC

Il existe différents types de pertes dans les machines AC, dont cinq principaux :

1. **Pertes fer :** Elles représentent l'énergie consommée à cause de la présence du champ

1. Voir section 1.3
2. Plus de détails à propos de l'isolation des tôles à la section 1.2.1

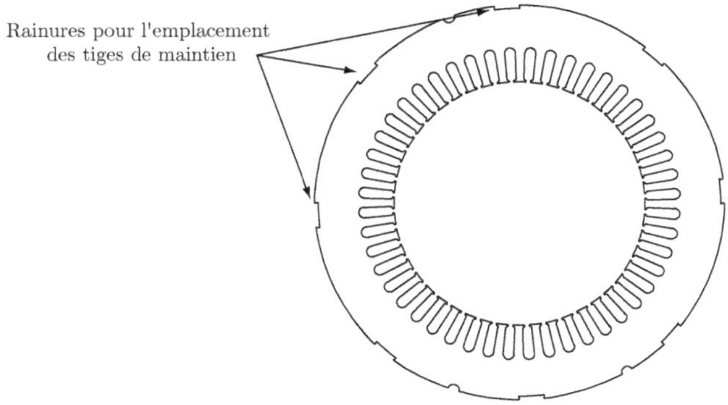

FIGURE 1.1 – Tôle statorique d'une machine triphasée asynchrone de 10 kW à deux paires de pôles.

magnétique variable dans le circuit magnétique (ce sujet sera développé davantage dans la section 1.3). Ces pertes peuvent être réduites avec l'utilisation de tôles plus fines, ce qui entraîne une réduction des courants induits. Une autre possibilité est d'utiliser des circuits magnétiques avec des dimensions plus importantes, ce qui permet, pour une même puissance mécanique, d'avoir un niveau d'induction moins important dans le circuit magnétique réduisant ainsi les pertes associées. Dans cette étude, on propose une technique de réduction des pertes fer en utilisant de l'acier à haute perméabilité, qui se caractérise par des pertes moins importantes et une consommation réduite d'ampère-tours par le fer.

2. **Pertes par friction et ventilation :** Ces pertes sont dues aux frottements dans les roulements ou paliers et à la friction avec l'air. Ces pertes peuvent être réduites avec l'utilisation de roulements haut de gamme et avec une amélioration dans la conception du système de ventilation. Dans les moteurs à haut rendement, la réduction des pertes mène à un échauffement moins important, et donc à des besoins de refroidissement moins exigeants par rapport aux machines conventionnelles. Ceci permet l'emploi de ventilateurs moins volumineux et donc des pertes par ventilation moins importantes.

3. **Pertes par effet Joule statoriques :** Elles représentent les pertes dues à la résistance des enroulements statoriques. Ces pertes peuvent être réduites par l'emploi d'une section de conducteurs plus importante, ce qui mène à une réduction de la résistance des enroulements et donc à une réduction des pertes.

4. **Pertes par effet Joule rotoriques :** Ce sont les pertes dans les enroulements ou barres rotoriques des machines asynchrones ainsi que dans les inducteurs bobinés des machines synchrones. La réduction de ces pertes peut être réalisée en utilisant des conducteurs rotoriques de section plus importante ou par l'utilisation de matériaux moins résistants dans leur fabrication (e.g cage en cuivre pour moteur asyn-

chrone (Casteras et al. 2007)).

5. **Pertes supplémentaires :** Il existe d'autres pertes supplémentaires qui résultent d'effets assez mal maitrisés. Par exemple, il est possible de citer celles produites par l'effet de denture qui sont le produit de courants induits à haute fréquence (Brudny 1997). D'autres sont dues au flux de dispersion des courants de charge (Fitzgerald et al. 1990).

Des méthodes pour la réduction de pertes qui viennent d'être énumérées sont préconisées par la *Washington State Energy Office* et sont décrites dans le *Energy-efficient electric motor selection handbook* (McCoy et al. 1993).

1.1.3 Le rendement des moteurs asynchrones

Le principe d'assemblage des tôles GO proposé dans cette étude a pour objectif d'augmenter le rendement des moteurs AC. Il est donc intéressant de savoir quelles sont les normes en vigueur au niveau mondial pour ces machines tournantes. Ceci donne une idée du marché potentiel d'une machine mettant en œuvre ce principe et, notamment, des perspectives au niveau des applications possibles.

Les moteurs à haut rendement sont des machines tournantes qui transfèrent la même puissance mécanique qu'une machine conventionnelle mais elles présentent moins de pertes. Les machines conventionnelles sont moins chères à l'achat. Toutefois, leur exploitation est onéreuse à cause de leur bas rendement. Cela les rend aussi moins écologiques vis-à-vis des émissions de CO_2 qu'implique la production d'électricité. Il existe plusieurs normes internationales pour classer les machines en terme de rendement (Corino et al. 2008).

En Europe, le *Comité Européen de Constructeurs de Machines Electriques et d'Electronique de Puissance* (CEMEP) a défini un classement pour les moteurs électriques en 1998 qui présente deux indices : "haut" (*High*) et "bas" (*Low*). Les moteurs qui ont un rendement inférieur à l'indice bas sont classifiés comme EFF3. Ceux qui ont un rendement intermédiaire ont la classification EFF2 et ceux qui sont au dessus de l'indice "haut" sont classifiés comme EFF1. La différence entre les pertes d'un moteur EFF1 et EFF2 est de 40% et entre EFF2 et EFF3 de 20%. Les moteurs EFF3 sont connus comme "Moteurs à bas rendement" (*Low efficiency motors*), ceux de la classification EFF2 comme "moteurs à rendement amélioré" (*Improved efficiency motors*) et les EFF1 comme "moteurs à haut rendement" (*High-efficiency motors*[3]).

Dans d'autres pays, les normes IEEE 112B et la CSA390 sont utilisées pour imposer (ou pour conseiller) des niveaux de rendement minimum des machines produites ou importées dans les pays. Ces normes sont également utilisées pour homogénéiser la façon dont on estime le rendement afin que celui-ci puisse être comparé. Aux Etats-Unis, par exemple, le congrès a décidé d'imposer à partir de l'année 2011 la catégorie NEMA Premium comme standard obligatoire pour le territoire américain. En Australie, la loi oblige, depuis juin

3. Les termes en *italique* correspondent aux qualificatifs anglais utilisés dans la norme.

IEC60034-30	**Europe CEMEP**	**US EPAct**	**Normes similaires dans d'autres pays**
Standard IE1	EFF2	–	AS Australie
Haut rendement IE2	EFF1	NEMA	MEPS Corée
Premium IE3	–	NEMA premium	IS Inde JIS Japon NBR Brésil GB/T Chine

Tableau 1.1 – Equivalences des normes internationales.

kW	**IE1**	**IE2**	**IE3**
3	81.5%	85.5%	87.7%
11	87.6%	89.8%	91.4%
90	93%	94.2%	95.2%
300	94%	95.1%	96%

Tableau 1.2 – Exemples de valeurs de rendement pour des moteurs asynchrones à 4 pôles triphasés à cage, alimentés à 50 Hz selon la norme (IEC-60034-30 2008).

2006, le niveau EFF1 (Saidur 2009). Dans l'Union Européenne, le niveau de rendement minimum est IE2 à partir de juin 2011 et IE3 à partir de 2015 (règlement (CE) No 640/2009).

Vu la diversité de normes dans les différents pays et afin d'homogénéiser la façon dont les machines sont classées, la *International Electrotechnical Commission* (IEC), dans la norme IEC 60034-30, a défini un nouveau classement : "Standard" (IE1), "haut rendement" (IE2) et "Premium" (IE3). Le tableau 1.1 présente les équivalences au niveau des principales normes internationales. Le tableau 1.2 donne quelques exemples de rendement pour la norme IEC 60034-30. Les moteurs ayant un rendement entre la limite "IE1" et "IE2" sont classés comme "Moteurs standard", ceux entre "IE2" et "IE3" comme "Moteurs à haut rendement" et, au-delà de "IE3", comme "Moteurs à rendement Premium".

Il existe un autre facteur qui augmente la surconsommation d'énergie électrique des moteurs : souvent les moteurs sont surdimensionnés pour des applications données, ce qui entraîne des rendements moins importants et des facteurs de puissances moins bons. Cela signifie que le rendement d'une machine devrait être étudié pour plusieurs valeurs de charge (cycles normalisés) et non seulement pour sa valeur à la charge nominale (de Almeida et al. 2003).

1.2 Les aciers magnétiques

Afin d'aborder cette étude, il est fondamental de connaître les propriétés des différentes nuances d'acier qui existent sur le marché, ce qui conditionne leur fabrication ainsi que leurs domaines d'application.

1.2.1 Fabrication

La fabrication de l'acier magnétique commence par le traitement du minerai de fer, qui, à l'origine, contient plusieurs éléments en plus du fer comme le carbone, le phosphore, le soufre et le silicium. Le processus de fabrication commence par l'enlèvement ou l'ajout de certains éléments en fonction de l'utilisation finale. La plupart du carbone est enlevée et l'ajout de certains additifs donne des caractéristiques spécifiques au produit fini (Beckley 2002).

La présence des additifs a plusieurs conséquences. Le silicium, par exemple, augmente la résistivité ρ des tôles réduisant ainsi les pertes par courants induits. Il a aussi une influence négative sur la polarisation crête à saturation $\hat{J}_s$ et la dureté (il rend la tôle plus fragile). L'aluminium, qui favorise l'orientation des grains, a aussi un effet négatif sur $\hat{J}_s$ (Barros et al. 2005). Du point de vue du physicien, la saturation correspond à l'état dans lequel tous les moments magnétiques du matériau sont orientés dans le sens de l'aimantation, ce phénomène se produit à des champs magnétiques très forts, difficiles à atteindre en pratique. Du point de vue du technicien en génie électrique, l'induction crête de travail pratiquement utilisable est d'environ 80% de celle définie précédemment (Brissoneau 1997). A cause de cette particularité, il est courant de comparer les différentes nuances par leur polarisation à une valeur donnée de champ d'excitation : pour les tôles GO (800 A/m) et les NO (2.5 kA/m, 5 kA/m et 10 kA/m).

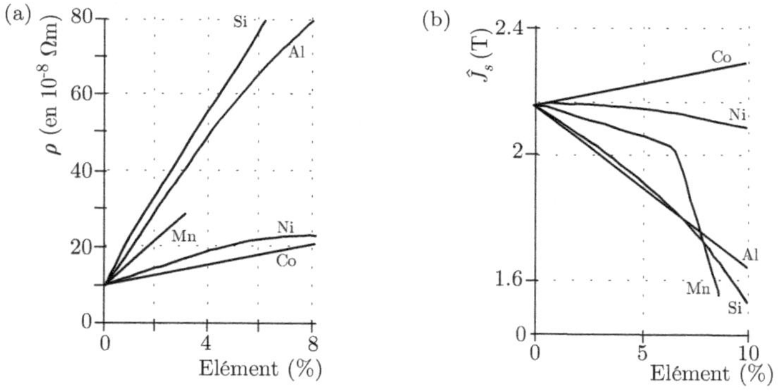

FIGURE 1.2 – (a) Résistivité ρ ; (b) Polarisation magnétique à saturation $\hat{J}_s$.

Les figures 1.2[4] (a) et (b) présentent respectivement les lois d'évolution de ρ et de $\hat{J}_s$ à température ambiante de quelques alliages de fer du type Si (Silicium), Al (Aluminium), Mn (Manganèse), Ni (Nickel), Co (Cobalt), en fonction du pourcentage massique en élément d'alliage. ρ et $\hat{J}_s$, principalement ρ, vont avoir une influence très forte sur les pertes fer. Ces courbes nous montrent à quel point l'ajout d'additifs est fondamental pour atteindre un niveau de pertes moindre.

4. Cette figure a été extraite de (Bavay & Verdun 1991)

L'acier dans son état liquide est refroidi puis laminé à chaud pour avoir une bande d'une épaisseur de 2 mm à 4 mm (des épaisseurs plus fines sont difficiles à obtenir). Le contenu en carbone aura une forte influence sur la dureté et les performances magnétiques finales de l'acier. Quand il est laminé à une épaisseur de 0.5 mm ou moins, il est possible de faire une décarburation grâce à un recuit sous atmosphère contrôlée à 800 C°. Ce processus peut être également réalisé après la découpe des tôles pour l'application finale. Le recuit a plusieurs vertus comme la croissance des grains [5] et l'amélioration des caractéristiques magnétiques (Chatterjee et al. 2003). Le recuit permet aussi d'enlever le stress mécanique après découpe, ce stress rend plus difficile le mouvement des domaines magnétiques, ce qui se traduit par une détérioration des propriétés magnétiques de la tôle.

Il existe plusieurs types de traitements thermiques qui ont pour but l'homogénéisation des additifs et la croissance des grains. En effet, les grains croissent pendant un traitement thermique spécifique, donc le contrôle de la température de recuit est très important pour obtenir une taille de grain optimale. Cette taille optimale dépendra de leur résistivité, de la fréquence d'utilisation et de leur épaisseur comme présenté dans (de Campos et al. 2006). La taille des grains a une forte influence sur les performances magnétiques, notamment quant aux pertes statiques et par excès. Plusieurs auteurs ont travaillé sur l'influence de la taille des grains sur ces types de pertes e.g (Adler & Pfeiffer 1974), (de Campos et al. 2006), (Kim et al. 1993). En effet, les pertes statiques sont inversement proportionnelles à la taille des grains, ces pertes correspondent à environ 65% des pertes totales à 50 Hz. Les pertes par excès sont, quant à elles, proportionnelles à la racine carré de la taille des grains (de Campos et al. 2006), (Kim et al. 1993).

Sur la tôle se trouve un revêtement isolant qui a plusieurs rôles : isoler électriquement les tôles entre elles afin d'empêcher la circulation de courants induits, améliorer la découpe par poinçonnage (réduction des bavures) et éviter le collage entre les tôles quand elles sont soumises à des hautes températures. Il existe trois principaux types de revêtement : organique, organique/inorganique et inorganique. De plus, on peut compter sur l'oxydation naturelle des tôles qui est un moyen informel d'isolation (Beckley 2002). Ces revêtements sont classés selon la norme (ASTM-A976 2003) en fonction de leur composition, de leurs propriétés isolantes et de leur fonctionnalité. Soit le revêtement est appliqué par l'utilisateur, soit par le fabricant. L'épaisseur du revêtement est de quelques micromètres, typiquement de 1 à 5 μm (Wuppermann & Schoppa 2008), (TKES 2004).

L'acier NO peut être livré enduit d'une couche isolante appliquée à la fin de la fabrication ou sans couche isolante qui peut être appliquée par l'utilisateur (vernissage de type organique ou phosphatation). Dans (Wuppermann & Schoppa 2008) sont présentées les méthodes de fabrication des aciers NO et GO.

L'acier GO est livré avec deux couches d'isolant qui font partie du processus de fabrication. Il s'agit d'une couche de silicate de magnésium (Type C-2 formé pendant le processus d'orientation des grains) et d'une couche de revêtement composite (type C-5 [6]) prévu pour supporter le recuit à 840 C°. L'acier GO a été développé par N. P. Goss entre 1934 et 1937 aux Etats-Unis après avoir trouvé que l'application du laminage à froid et un traitement

5. L'acier magnétique est un matériau polycristallin (composé de plusieurs grains ou cristaux).
6. Classement suivant la norme (ASTM-A976 2003)

thermique approprié mènent à une croissance des grains et à l'orientation de leur direction de facile aimantation (arrête du cristal cubique) suivant la DL. Les matériaux fabriqués aujourd'hui sont le résultat de la combinaison de cette procédure et d'autres techniques de purification pendant le processus de fabrication (Wuppermann & Schoppa 2008), (Bozorth 1951).

L'acier magnétique conventionnel NO a par contre une orientation de grains aléatoire. Cette caractéristique le rend moins performant que l'acier GO suivant la DL, mais lui donne des caractéristiques quasi isotropes. C'est pour cela que ce type d'acier est couramment utilisé dans des applications en champ tournant comme les moteurs électriques AC. D'autre part, de nouveaux procédés sont en train d'être développés pour la fabrication d'un alliage ayant une texture appelée "Cubique", c'est-à-dire une tôle ayant deux directions de facile aimantation : l'une dans la DL et l'autre dans le sens perpendiculaire à la DL (Brissoneau et al. 1995). Ce procédé reste trop onéreux pour être commercialisé mais des recherches sont faites pour réduire son prix de fabrication ainsi que pour estimer son impact dans le rendement des machines (Tomida & Sano 2005).

On peut conclure que les performances de l'acier magnétique ne dépendent pas seulement de l'épaisseur des tôles, mais qu'il y a tout un procédé très complexe de fabrication. Il y a donc beaucoup de paramètres qui auront une influence sur ses caractéristiques finales. L'annexe A présente plusieurs courbes de pertes spécifiques à 50 Hz pour différentes nuances de NO de 0.35 mm et 0.50 mm d'épaisseur, on peut voir qu'il existe des nuances équivalentes au niveau des pertes pour ces deux épaisseurs.

1.2.2 Caractéristiques

Les atomes de fer de l'acier magnétique sont organisés selon une structure cubique. Dans le cas de l'acier GO, la plupart des cristaux sont orientés suivant la direction de laminage comme le montre la figure 1.3, dans laquelle sont présentés les axes du cristal[7] cubique par rapport à la DL : cette texture est appelé "texture de Goss". La figure 1.4 présente la structure magnétique d'un échantillon de tôle à grains orientés et montre de quelle manière les grains sont naturellement divisés en domaines magnétiques, le comportement des domaines sera présenté à la section 1.3.

Dans le cas de l'acier GO, qui est souvent utilisé pour la fabrication de transformateurs, l'intérêt est de placer les arêtes des cristaux dans le sens où le flux est instauré. En effet, les propriétés magnétiques des arêtes des cristaux sont beaucoup plus intéressantes que pour les autres directions. La figure 1.5 présente la courbe d'aimantation d'un monocristal de Fe-3,8 % Si (fer avec 3.8% de silicium) où on peut voir l'induction crête $\hat{b}$ en fonction du champ magnétique crête d'excitation $\hat{h}$. On voit que la perméabilité relative de l'arête du cube est la plus importante suivie de celle de la direction transversale. Les plus mauvaises performances sont obtenues lorsque le flux circule suivant la direction [111], ce qui correspond à un décalage de 54.73° par rapport à la DL.

Il existe plusieurs définitions de perméabilité μ, elle exprime le niveau d'induction b

7. Les cristaux sont couramment appelés "grains" dans le milieu de la métallurgie.

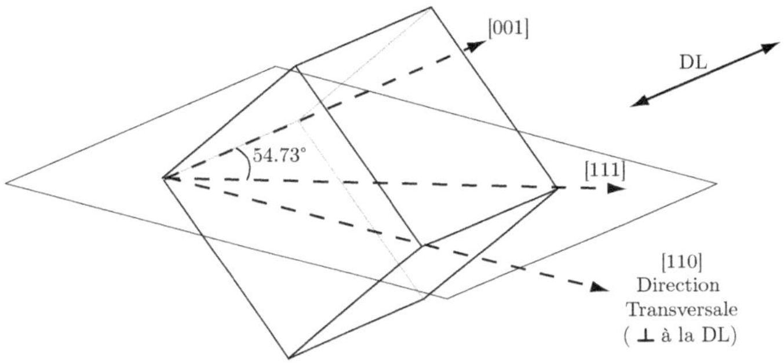

FIGURE 1.3 – Orientation des axes du cristal cubique par rapport à la DL dans l'acier à grain orientés.

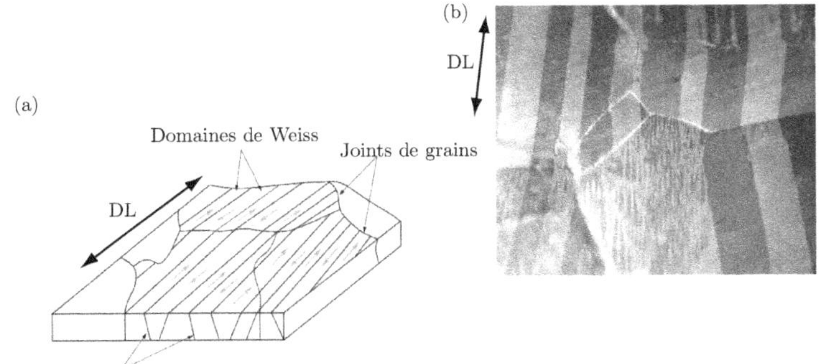

FIGURE 1.4 – Structure magnétique d'un alliage FeSi polycristallin à grains orientés :(a) Structure idéalisée ; (b) Structure réelle observée. ("Alliages magnétiques doux"- Techniques de l'ingénieur (Couderchon 1998))

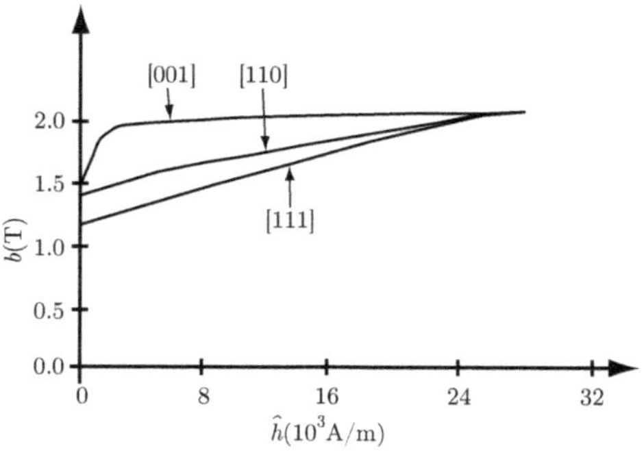

FIGURE 1.5 – Courbes d'aimantations mesurées dans plusieurs directions d'un alliage monocristallin Fe-3,8 % Si, établies par application d'un champ magnétique h parallèlement à l'une des trois principales directions cristallographiques. ("Alliages Fer-Silicium"-Techniques de l'ingénieur (Bavay & Verdun 1991))

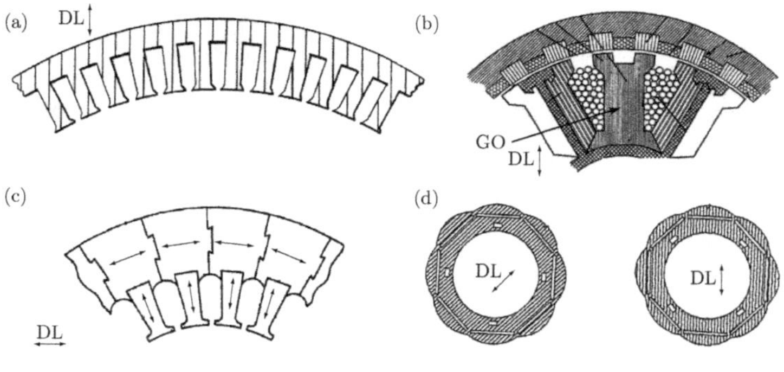

FIGURE 1.6 – (a) Tôle GO machine synchrone (tiré de US5554902) ; (b) Dent de machine à réluctance variable (tiré de US6960862) ; (c) Stator de machine tournante (tiré de WO2001034850) ; (d) Tôles rotoriques GO (tiré de EP1686674).

atteint grâce à l'application d'un champ d'excitation h donné dans un milieu magnétique. On utilise souvent la définition $\mu = \hat{b}/\hat{h}$ (Beckley 2002), (Wuppermann & Schoppa 2008), (Bertotti 1998), cette grandeur est souvent donnée en valeur relative par rapport à celle du vide $\mu_r = \mu/\mu_0$. Cette définition reste cependant insuffisante car, comme on peut le voir à la figure 1.5, cette valeur varie en fonction du $\hat{h}$ appliqué. C'est pour cette raison que les fabricants d'acier donnent souvent cette grandeur pour un $\hat{h}$ spécifique.

1.2.3 Applications de l'acier magnétique

Nuance (norme EN10107)	Epaisseur d (mm)	P_m à 1.5 T à 50 Hz (W/kg)	Contenu de Silicium (%)	$\hat{b}$(1000 A/m) (GO) $\hat{b}$(5000 A/m) (NO)	Application typique
Acier GO : Caractéristiques mesurées suivant la DL.					
M 103-27 P	0.30	(1.03)*	2.9	1.93	Transformateurs à haut rendement.
M 111-30 P	0.30	(1.11)*	2.9	1.93	
M 120-23 S	0.23	0.85	3.1	1.85	
M 130-27 S	0.27	0.79	3.1	1.85	
M 140-30 S	0.30	0.92	3.1	1.85	
M 150-35 S	0.35	1.05	3.1	1.84	
Acier NO : Caractéristiques mesurées avec le même nombre d'échantillons découpés à 0° et 90° par rapport à la DL.					
M 300-35 A	0.35	3.00	2.9	1.65	Moteurs forte puissance.
M 400-50 A	0.50	4.00	2.4	1.69	Petits transformateurs.
M 800-65 A	0.65	8.00	1.3	1.73	Moteurs de moyenne et faible puissance.
M 800-65 D	0.65	8.00	–	1.74	
M 1000-65 D	0.65	10.0	–	1.76	
M 420-50 D	0.50	3.90	–	1.74	

*Les valeurs entre parenthèses correspondent à un niveau d'induction crête de 1.7 T.

Tableau 1.3 – Principales applications de l'acier magnétique.

Le tableau 1.3[8] présente les principales applications des différentes nuances d'acier magnétique répertoriées suivant la norme EN10107. Ces applications sont tributaires de l'épaisseur des tôles et du contenu en silicium. Figurent également les pertes spécifiques P_m (W/kg) à 50 Hz pour une induction crête $\hat{b}$ de 1.5 T (mesurées au cadre Epstein), ainsi que les valeurs de $\hat{b}$ à 1000 A/m pour le GO et 5000 A/m pour le NO. On peut voir que l'acier GO a été jusqu'à présent essentiellement restreint à des applications concernant seulement les transformateurs. Le NO, par contre, est utilisé pour la fabrication de machines tournantes. Il faut noter que la norme (IEC-60404-2 1996) stipule que les essais au cadre Epstein doivent être réalisés, quand il s'agit d'acier GO, avec l'ensemble des échantillons constituant le cadre découpés dans la DL, et quand il s'agit de NO, avec la moitié

8. Ce tableau est extrait de (Beckley 2002).

d'échantillons découpés dans la DL et l'autre moitié à 90° de celle-ci.

Une recherche sur les applications de l'acier GO dans les machines tournantes a été réalisée afin d'évaluer l'originalité et la portée du projet. L'annexe E donne la liste de brevets analysés et leur description. La figure 1.6 présente plusieurs exemples : la figure 1.6 (a) présente une tôle d'acier GO utilisée dans la construction de machines synchrones, où on voit que la DL est placée dans le sens des dents. La figure 1.6 (b) présente une partie d'une machine à réluctance variable où seulement la dent est fabriquée avec du GO. La figure 1.6 (c) montre l'assemblage de plusieurs tôles GO pour la fabrication d'un circuit magnétique statorique où le sens de laminage est placé en fonction de la direction du flux correspondant. La figure 1.6 (d) montre des tôles GO utilisées dans la fabrication de rotors de machines synchrones afin de réduire le couple de denture.

Dans les applications qui mettent en œuvre de l'acier GO dans les machines tournantes, les tôles sont découpées de façon à orienter convenablement leurs DL. Ces procédures sont très onéreuses car elles demandent plus de temps de découpe et d'assemblage. Pour ces raisons, cette technique est le plus souvent utilisée dans les alternateurs de grande puissance, où les fabricants sont, de toute façon, obligés d'assembler le circuit magnétique avec plusieurs tôles découpées (le diamètre étant plus grand que la largeur maximale des tôles).

1.3 Pertes fer

Les pertes fer sont un sujet fondamental dans le domaine des matériaux magnétiques doux, pour cela, dans cette section, nous présentons des concepts clefs qui faciliteront la compréhension de la suite du mémoire.

En 1907, Weiss a montré que les matériaux ferromagnétiques sont composés de *domaines magnétiques* ayant une aimantation spontanée très forte et dont la direction peut varier de domaine à domaine. En conséquence, à un niveau macroscopique, même si chaque domaine a une aimantation particulière, la aimantation globale est proche de zéro en l'absence d'un champ magnétique d'excitation extérieur h.

L'arrangement des domaines est le résultat de l'équilibre de plusieurs phénomènes internes couplés à la présence de h ; ce dernier favorisant les domaines orientés dans sa direction. Quand h varie dans le temps, l'équilibre est altéré et de nouveaux arrangements de la structure de domaines sont formés. Ce phénomène est dû principalement au mouvement des interfaces qui séparent les domaines, connues sous le nom de *parois de Bloch*. Les domaines ayant une direction proche de celle de h sont énergétiquement favorisés et s'élargissent au détriment des domaines autour d'eux qui décroissent et finissent par disparaître (figure 1.7). A des valeurs suffisamment importantes de h, le matériau est totalement polarisé dans la direction de ce dernier et il existe plus qu'un seul domaine qui occupe tout l'échantillon. Quand l'excitation est faite dans le sens contraire, le phénomène s'inverse (Bertotti 1998).

Plusieurs auteurs ont travaillé sur les pertes dues à l'aimantation de l'acier magnétique. Ceci a été un sujet très difficile à aborder à cause de la présence de domaines magnétiques.

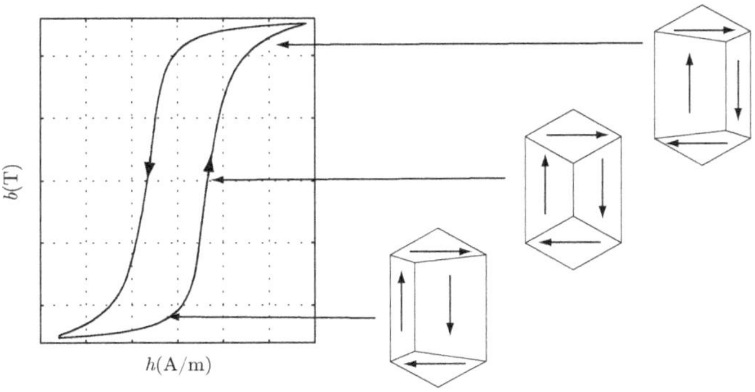

FIGURE 1.7 – Représentation schématique d'un cycle de pertes et évolution des domaines. le cycle est centre sur $h = 0$ et $J = 0$.

Ces derniers sont orientés par le champ d'excitation mais leur mouvement ne se fait pas uniformément suivant son évolution. Cette particularité ainsi que le phénomène de saturation sont à l'origine du caractère non-linaire des pertes, ce qui rend très difficile leur modélisation d'une façon précise avec un modèle simple. En conséquence, on trouve dans la littérature plusieurs modèles qui ont été adaptés à la modélisation des pertes dans des contextes spécifiques e.g (Ionel et al. 2007), (Ionel et al. 2006), (Bertotti 1988), (de Campos et al. 2006), (Amar & Protat 1994), (Graham 1982).

De plus, la modélisation des pertes et l'interprétation d'un cycle de pertes est rendue plus difficile par l'influence de différents paramètres comme les conditions expérimentales, la géométrie des échantillons, l'échelle spatiale considérée et les différents aspects chimiques et métallurgiques impliqués dans leur fabrication. En effet, ces paramètres ont une telle influence que dans (Bertotti 1998), il est affirmé qu'il n'existe pas de courbe d'aimantation proprement dite du fer. La géométrie des échantillons a une telle influence que tester deux échantillons du même matériau ayant des géométries différentes produit des cycles d'hystérésis différents. C'est pour cela que les fabricants d'acier et ceux qui les exploitent ont opté pour des systèmes de mesures standardisées afin de pouvoir comparer les performances des différentes nuances. Parmi ces méthodes de caractérisation, la plus utilisée est le cadre Epstein, suivant la norme (IEC-60404-2 1996). Cette méthode a été très critiquée par certains auteurs et par les constructeurs de transformateurs qui trouvent que les caractéristiques ainsi mesurées sont surestimées (Moses & Hamadeh 1983), (Marketos et al. 2007).

1.3.1 Séparation des pertes

Lorsqu'on excite un échantillon d'acier magnétique par l'intermédiaire d'un enroulement alimenté par une tension sinusoïdale de fréquence f, on génère un champ magnétique h que l'on ajuste de manière à avoir une induction sinusoïdale b de valeur crête $\hat{b}$ donnée. Ce processus d'aimantation engendre des pertes P_{fer}, ces pertes correspondent à de l'énergie transformée en chaleur. P_{fer} peut être exprimé en énergie par cycle P_{fer}/f comme :

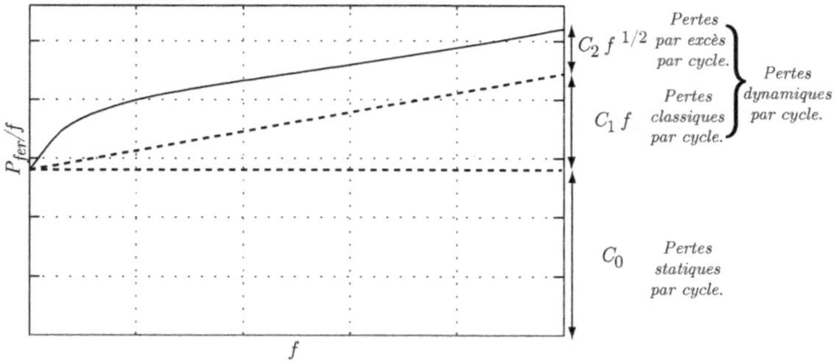

FIGURE 1.8 – Présentation schématique de la séparation de pertes.

$$\frac{P_{fer}}{f} = \oint_{cycle} hdb \qquad (J/m^3) \tag{1.1}$$

Les phénomènes qui contribuent à la génération de ces pertes sont très complexes, rendant le calcul exact des pertes impossible. Cependant, à $\hat{b}$ donné, le comportement global des pertes obéit à une loi proche de (Bertotti 1998) :

$$\frac{P_{fer}}{f} = C_0 + C_1 f + C_2\sqrt{f} \qquad (J/m^3) \tag{1.2}$$

où C_0, C_1 et C_2 sont des constantes qui dépendent de $\hat{b}$ et d'autres paramètres physiques. De cette loi, les pertes peuvent être divisées en trois catégories : *Pertes statiques*, *Pertes classiques* et *Pertes par excès*. Les pertes classiques et par excès, liées aux courants de Foucault qualifiés respectivement de globaux et locaux, sont souvent regroupées dans un terme unique qualifié tout simplement de *Pertes dynamiques*, comme cela est présenté à la figure 1.8. Cette figure montre schématiquement P_{fer}/f et la séparation des pertes correspondantes.

Ces trois termes représentent trois niveaux différents dans le processus d'aimantation :

Les **pertes statiques** P_{sta} correspondent aux pertes dues à l'*effet Barkhausen* à grande échelle. Cet effet se produit quand les domaines magnétiques du matériau, qui se trouvent dans un état stable et soumis à un champ d'excitation, passent brutalement à un nouvel état. Ce passage est appelé *Saut de Barkhausen.* Ce phénomène arrive en permanence pendant l'aimantation d'une manière aléatoire. La figure 1.9 présente un cycle de pertes de GO M 140-35 S que nous avons mesuré au cadre Epstein. Cette figure montre les sauts de Barkhausen présents pendant toute l'aimantation, qui sont à l'origine des pertes statiques.

De manière générale, le calcul de P_{sta} est très difficile mais si l'on connaît la surface du cycle des pertes à régime quasi statique, P_{sta} peut être estimées avec l'équation 1.3 qui

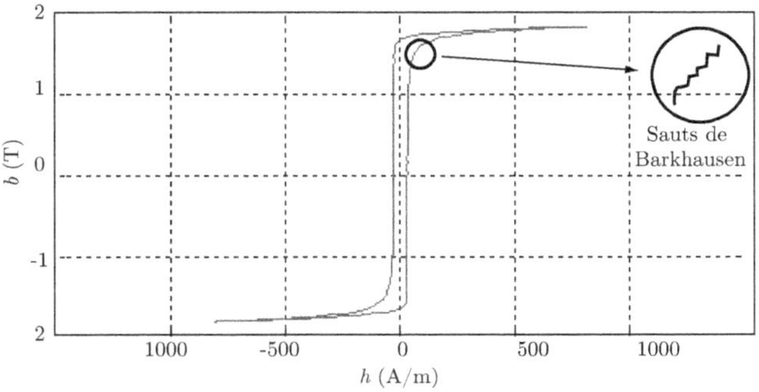

FIGURE 1.9 – Cycles de pertes mesurés au cadre Epstein de M 140-35 S à 50 Hz, présentation schématique des sauts de Barkhausen.

montre qu'elles sont proportionnelles à f. Un des premiers chercheurs qui a travaillé sur ce phénomène en 1890 est C.P. Steinmetz [9] qui a formulé l'équation 1.3 largement utilisée dans la littérature.

$$P_{sta} = Cf\hat{b}^{\xi} \qquad (W/m^3) \tag{1.3}$$

où ξ est connu comme le coefficient de Steinmetz, sa valeur est généralement comprise entre 1.6 et 2.2 et C est une constante déduite expérimentalement.

Les **pertes classiques** P_{cla} sont dues aux courants induits calculés en supposant une distribution sinusoïdale uniforme de l'induction dans l'échantillon et en faisant abstraction dans ce dernier de l'existence de domaines. Ces pertes sont calculées par une résolution des équations de Maxwell pour le calcul de la tension induite qui crée des courants dans l'échantillon. Pour une tôle d'épaisseur d ayant une conductivité électrique σ, les pertes classiques sont exprimées comme :

$$P_{cla} = \frac{\pi^2 \sigma d^2 \hat{b}^2 f^2}{6} \qquad (W/m^3) \tag{1.4}$$

Les **Pertes par excès** P_{exc} sont la conséquence directe de la présence de domaines de Weiss qui présentent une distribution aléatoire de l'induction dans l'échantillon. Ces pertes sont dues aux sauts de Barkhausen qui font changer les niveaux d'induction locaux d'une façon brusque (Bertotti & Pasquale 1992). Ces mouvements induisent des courants autour des parois en mouvement, produisant ainsi des pertes. On trouve dans la littérature des calculs approximatifs suivant une loi proche de :

$$P_{exc} = k\sqrt{d}(\hat{b}f)^{3/2} \qquad (W/m^3) \tag{1.5}$$

9. On peut trouver un des ses articles réédité dans (Steinmetz 1984)

où k est une constante qui peut être définie expérimentalement.

Cette présentation, qui montre la difficulté de pouvoir caractériser P_{fer}, concerne essentiellement des circuits magnétiques soumis à une excitation unidirectionnelle. Dans de nombreux cas, en champ rotationnel, on utilise les relations qui viennent d'être établies alors que les phénomènes sont beaucoup plus complexes. Ce point sera développé au chapitre 3.

1.3.2 Relevés expérimentaux des caractéristiques magnétiques

Caractéristiques constructeur

Les manipulations réalisées pendant le déroulement de cette étude ont été faites avec plusieurs qualités d'acier. Le tableau 1.4 présente les caractéristiques principales des différentes nuances utilisées, ces données sont fournies par le constructeur. Nous avons également indiqué dans ce tableau les notations utilisées dans ce mémoire pour caractériser les différentes nuances d'acier. Dans tous les cas, l'indice bas représente l'épaisseur des tôles en centième de millimètre.

Nuance (EN10107)	Epaisseur d	$P_m(1.7\,\mathrm{T})$ (50 Hz)	$P_m(1.5\,\mathrm{T})$ (50 Hz)	$\hat{b}(800\,\mathrm{A/m})$ (50 Hz)	$\hat{b}(2500\,\mathrm{A/m})$ (50 Hz)	Notation utilisée dans le mémoire.
	mm	W/kg	W/kg	T	T	
M 85-23 P	0.23	0.85	–	1.88	–	HGO_{23}*
M 105-30 P	0.30	1.05	–	1.88	–	HGO_{30}*
M 125-35 P	0.35	1.25	–	1.88	–	HGO_{35}*
M 130-30 S	0.30	1.30	0.85	1.78	–	GO_{30}
M 140-35 S	0.35	1.40	1.00	1.78	–	GO_{35}
M 235-35 A	0.35	–	2.35	–	1.49	NO_{35}
M 400-50 A	0.50	–	4.00	–	1.53	NO_{50}
M 700-65 A	0.65	–	7.00	–	1.57	NO_{65}

* Acier de type "H" à haute perméabilité. Ce type d'acier présente une orientation de grains moins dispersée que celle présente dans la qualité conventionnelle, et donc une perméabilité relative plus importante que l'acier GO conventionnel (Beckley 2000), (Wuppermann & Schoppa 2008).

Tableau 1.4 – Nuances d'aciers magnétiques utilisées.

Dans le cadre de ce projet, nous allons nous intéresser particulièrement aux caractéristiques macroscopiques des matériaux. Les données constructeur du tableau 1.4 donnent une idée très vague des propriétés des différents matériaux. Ceux qui ont été le plus souvent utilisés sont le NO_{50} et le GO_{35}. Ces deux matériaux ont été choisis car ils sont représentatifs des matériaux employés couramment dans la construction de machines électriques et de transformateurs (Beckley 2002). Le NO_{50} est souvent utilisé pour la fabrication de petits transformateurs et de moteurs à haut rendement (Beckley 2000), (Wuppermann &

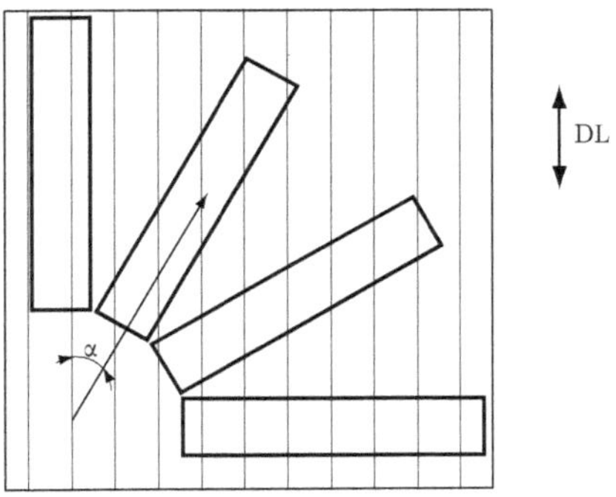

FIGURE 1.10 – Angle de découpe α.

Schoppa 2008) : ses caractéristiques magnétiques quasi-isotropes font de lui un bon exemple d'acier NO. Le GO_{35} est un matériau utilisé dans la fabrication de transformateurs à haut rendement, il est très anisotrope, avec des caractéristiques très intéressantes suivant la DL.

Caractérisation à 50 Hz

Les caractéristiques macroscopiques du NO_{50}, GO_{35}, et NO_{35} ont été relevées en champ unidirectionnel. Le NO_{35} a également été étudié car il a la même épaisseur que le GO_{35}. Comme les machines de moyennes et faibles puissances sont construites avec du NO, il est important de connaître les caractéristiques d'un NO ayant la même épaisseur que le GO que l'on met en œuvre dans le cadre de cette étude.

Des bandes Epstein ont été découpées suivant différentes directions caractérisées par l'angle α formé par le sens de découpe et la DL comme cela apparait à la figure 1.10. Dans le cas du GO_{35}, 12 différentes valeurs de α allant de 0° à 90° ont été considérées. Dans le cas du NO_{50} et NO_{35} les valeurs de α étudiées ont été 0°, 55° et 90°, ce qui correspond aux directions les plus représentatives. Les essais ont été réalisés avec un cadre Epstein normalisé, utilisant une source asservie pour garder la tension secondaire, image de l'induction, sinusoïdale.

La figure 1.11 (a), relevée à 50 Hz, présente les courbes des pertes spécifiques P_m en W/kg en fonction de $\hat{b}$ et de $\hat{b}$ en fonction de $\hat{h}$, pour le GO_{35} à différentes valeurs de α [10]. On peut voir la forte anisotropie de ce matériau, où 0° donne les meilleures caractéristiques tandis que 55° et 90° présentent les moins bonnes ainsi que le prévoit la texture de GOSS. C'est la raison pour laquelle ce type d'acier n'est pas utilisé dans des applications en champ tournant puisque si le flux était obligé de passer par des directions trop éloignées de la DL, les performances du circuit magnétique seraient notablement dégradées. Notons que les caractéristiques relevées pour $\alpha = 55°$ et $\alpha = 90°$: sont pratiquement confondues

10. Lors des expérimentations, 12 directions ont été testées mais cette figure ne présente que 7 d'entre elles qui sont suffisamment représentatives (0°, 10°, 20°, 35°, 45°, 55° et 90°).

pour $\hat{b} < 0.9\,\mathrm{T}$ ou $\hat{h} < 200\,\mathrm{A/m}$. Pour $\hat{b} > 0.9\,\mathrm{T}$ ou $\hat{h} > 200\,\mathrm{A/m}$, c'est pour $\alpha = 55°$que l'on obtient les plus mauvaises performances (valeur théorique 54.73°).

La figure 1.11 (b) présente respectivement P_m en fonction de $\hat{b}$ et $\hat{b}$ en fonction de $\hat{h}$ pour NO_{50} à différentes valeurs de α. Les figures 1.11 (c) présentent les mêmes grandeurs pour NO_{35}. On peut observer que, contrairement au GO_{35}, ces matériaux sont presque isotropes avec une différence de $\hat{b}$ entre $\alpha = 0°$ et $\alpha = 90°$ (pour 1000 A/m) d'environ 0.1 T pour NO_{35} et de 0.07 T pour NO_{50}.

Une autre particularité que l'on peut constater, si on compare ces deux matériaux, est que le NO_{35} présente des niveaux de $\hat{b}$ moins importants que le NO_{50} pour un $\hat{h}$ donné [11]. Ceci signifie que le NO_{35} est moins perméable que le NO_{50}. Cette différence aura une influence surtout au niveau du courant magnétisant consommé par les deux matériaux. Dans le cas des deux NO testés, les plus mauvais résultats sont obtenus pour $\alpha = 90°$. On peut aussi constater des pertes plus importantes pour le NO_{50}. Ces mesures confirment des résultats d'autres auteurs e.g (Page 1984) qui avaient étudié l'anisotropie du NO.

Concernant l'induction à saturation (définie du point de vue de l'électrotechnicien), il apparait que celle-ci est beaucoup plus élevée pour le GO_{35} lorsque $\alpha = 0°$ (de l'ordre de 1.85 T et pour $\alpha = 55°$: 1.2 T). L'induction à saturation pour les NO_{50} et NO_{35} est voisine de 1.2 T. Cette différence sur l'induction à saturation pour le GO_{35} pour $\alpha = 0°$, comparativement au NO, aura un impact non-négligeable sur les performances des structures que nous allons proposer. D'après (Beckley 2000), (Wuppermann & Schoppa 2008) l'acier utilisé pour la fabrication de moteurs à haut rendement est le NO_{50}. La figure 1.8 montre que les pertes fer sont principalement dues aux pertes statiques. Il existe plusieurs qualités d'acier NO, le tableau 1.5 présente les pertes spécifiques de différentes qualités de NO_{35} et NO_{50} proposées par ThyssenKrupp E.S [12]. On peut voir que la plupart de nuances NO_{50} présentent les mêmes (ou presque les mêmes) pertes spécifiques que le NO_{35}, ce qui signifie que celles-ci ne dépendent pratiquement pas de l'épaisseur des tôles dans le cas du NO, ce qui corrobore les conclusions déduites de l'analyse de la figure 1.8. C'est pour cela qu'on utilise dans la production de moteurs à haut rendement du NO_{50} et non du NO_{35}.

Les informations présentées dans le tableau 1.5 permettent de conclure que le NO_{35} présenté est une nuance haut de gamme qui a de moindres pertes. Mais d'une manière générale, les pertes en 0.35 mm ne sont pas forcement inférieures à celles d'un acier de 0.50 mm d'épaisseur. On peut donc supposer que comparer les performances du GO_{35} décalé avec celles du NO_{50} (ce qui sera fait par la suite) est valable puisque utiliser un NO_{35} courant ou un NO_{50} serait équivalent au niveau des pertes fer à 50 Hz. Par contre, au niveau des pertes à haute fréquence, le NO de 0.35 mm serait plus performant qu'un NO de 0.50 mm eut égard aux pertes dynamiques classiques.

11. Cette particularité est confirmée par les données fournies par le fabricant (tableau 1.4)
12. Pour information, les autres fabricants de NO, comme Nippon Steel, proposent les mêmes nuances suivant les normes internationales.

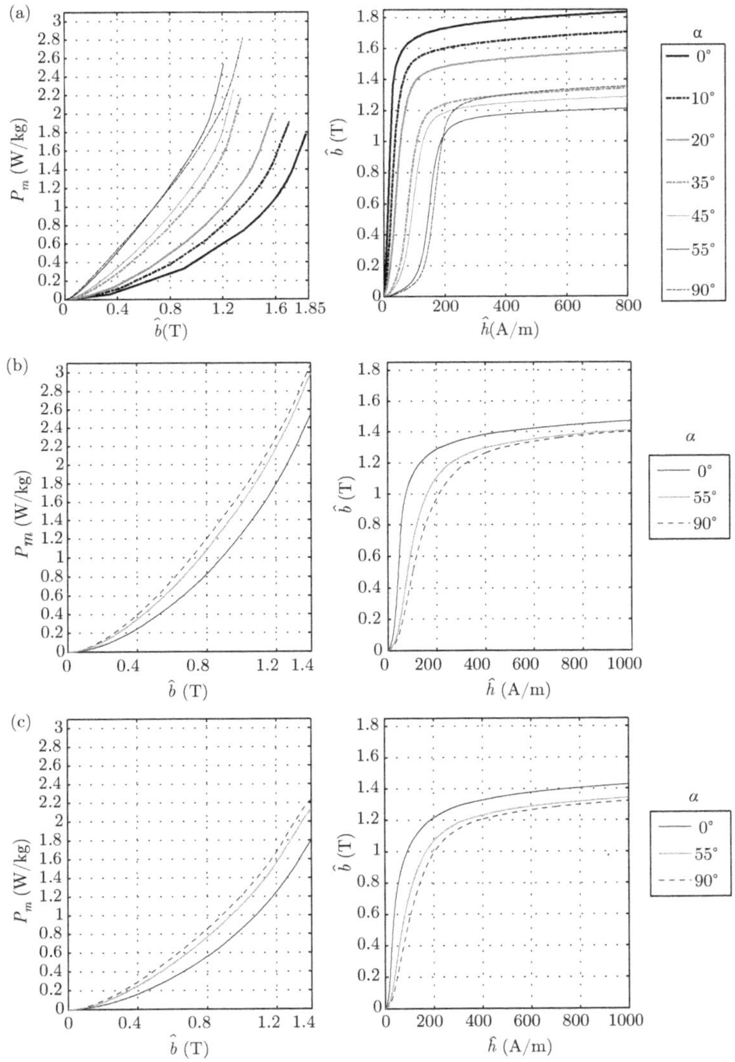

FIGURE 1.11 – $P_m(\hat{b})$ et $\hat{b}(\hat{h})$ pour différentes valeurs de α à 50 Hz : (a) GO_{35}(M 140-35 S) ; (b) NO_{50}(M 400-50 A) ; (c) NO_{35}(M 235-35 A).

Nuance NO $d = 0.35$ mm	P_m à 1.5 T en W/kg	P_m à 1 T en W/kg	**Nuance NO** $d = 0.50$ mm	P_m à 1.5 T en W/kg	P_m à 1 T en W/kg
M 235-35 A	2.35	0.95			
M 250-35 A	2.50	1.05	M 250-50 A	2.50	1.05
M 270-35 A	2.70	1.10	M 270-50 A	2.70	1.10
			M 290-50 A	2.90	1.15
M 300-35 A	3.00	1.20	M 310-50 A	3.10	1.25
M 330-35 A	3.30	1.30	M 330-50 A	3.30	1.35
			M 400-50 A	4.00	1.70
			M 600-50 A	6.00	2.60
			M 940-50 A	9.40	4.20

Tableau 1.5 – Pertes spécifiques NO_{50} et NO_{35} à 50 Hz (d'après la norme DIN EN 10106).

Caractéristiques en régime quasi-statique

Caractériser les différentes nuances sous un régime quasi statique permet de donner une idée des pertes statiques de chaque matériau car, à basse fréquence, les pertes dues aux pertes classiques et par excès sont très faibles et peuvent être négligées. Cette analyse se justifie d'autant plus que la structure décalée proposée dans cette étude conduit à une réduction considérable des pertes statiques, comme cela sera expliqué dans les chapitres suivants. Comme dans ces derniers, nous orienterons nos développements en comparant le GO_{35} et le NO_{50}. Il convient de montrer que l'impact de la différence de l'épaisseur des tôles n'intervient que de manière très secondaire sur le gain obtenu quant aux pertes. En effet, à 50 Hz, ce sont les pertes statiques qui contribuent majoritairement, en champ unidirectionnel, à la définition de P_{fer}. Cependant, compte tenu de la différence qui caractérise d, il nous semble important de montrer qu'une modification de d n'affecte pas de manière significative P_{sta} et ne remet pas en cause la remarque que l'on peut exprimer de la manière suivante : A la fréquence industrielle de 50 Hz, P_{sta} est pratiquement indépendant de l'épaisseur des tôles et intervient de manière prépondérante dans la définition de P_{fer}.

Pour ce faire, nous avons réalisé certains essais en considérant le GO_{35}, le NO_{35} et le NO_{50}. Les figures 1.12 (a), (b) et (c) présentent les cycles de pertes mesurés au cadre Epstein à 2 Hz pour différentes valeurs de $\hat{b}$. Ces essais ont été réalisés en utilisant des bandes découpées dans le sens de laminage. Les trois cycles présentent des caractéristiques très intéressantes : dans le cas des deux NO (figures 1.12 (b) et (c)), les cycles sont très proches, même s'il y a une petite différence entre les valeurs d'induction rémanente et de champ coercitif H_c. D'après (Steinmetz 1984) et (Bertotti 1988), la part de pertes statiques en régime dynamique est proportionnelle à la fréquence et aux pertes mesurées sous régime quasi-statique. Cela permet de conclure que le NO_{35} et NO_{50} auront des pertes statiques très proches même à des fréquences plus élevées (50 Hz). Par contre, ces deux nuances ont une épaisseur et un taux de silicium différents, ce qui aura comme conséquence une différence au niveau des pertes dynamiques (Voir tableau 1.4). Le GO_{35} présente des valeurs de H_c très basses (figure 1.12(a)) et des surfaces de cycles plus faibles comparées au NO_{50} et NO_{35}.

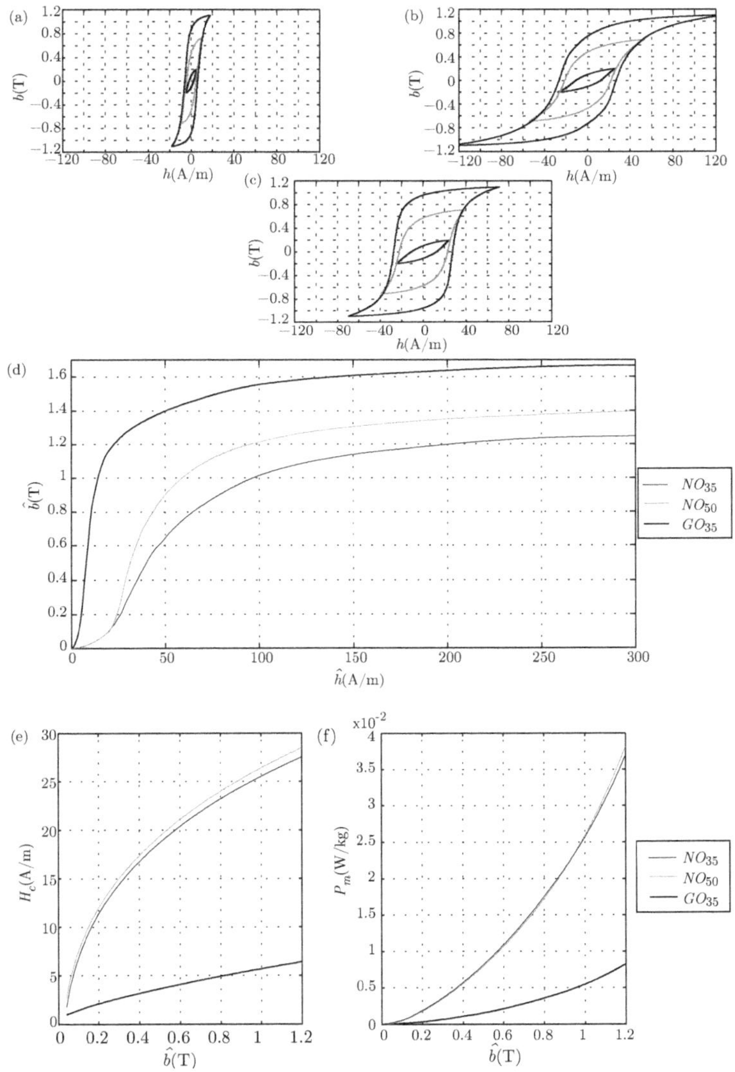

FIGURE 1.12 – Cycles de pertes mesurés à 2 Hz : (a) GO_{35} ; (b) NO_{35} ; (c) NO_{50} ; (d) Courbe de $\hat{b}$ en fonction de $\hat{h}$ à 2 Hz, pour NO_{50}, NO_{35} et GO_{35} ; (e) Champ coercitif H_c ; (f) Pertes spécifiques P_m mesurées à 2 Hz pour NO_{50} NO_{35} et GO_{35}.

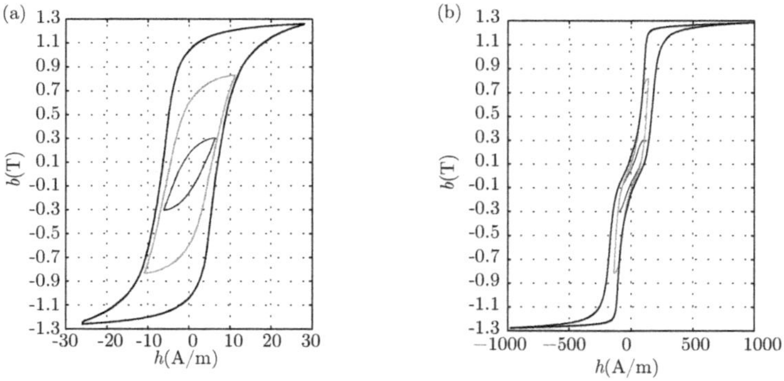

FIGURE 1.13 – Cycles de pertes pour GO_{35} à 2 Hz : (a) $\alpha = 0°$; (b) $\alpha = 55°$.

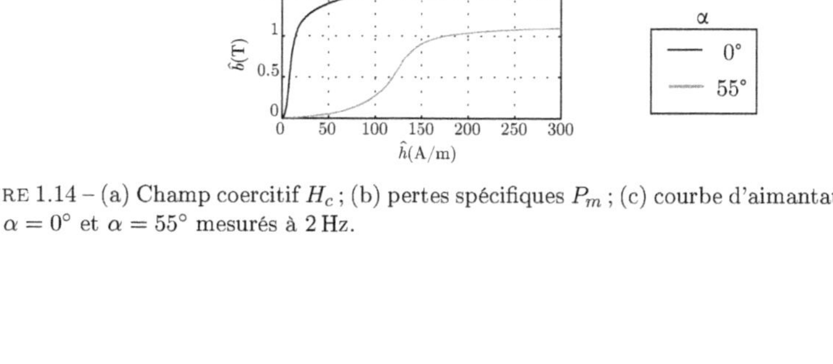

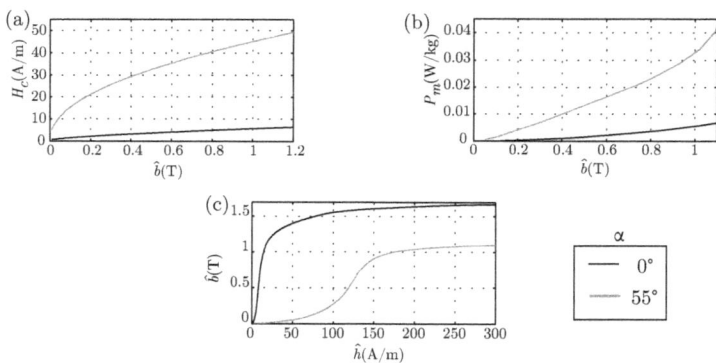

FIGURE 1.14 – (a) Champ coercitif H_c ; (b) pertes spécifiques P_m ; (c) courbe d'aimantation pour $\alpha = 0°$ et $\alpha = 55°$ mesurés à 2 Hz.

On peut aussi voir, au niveau du champ magnétique crête $\hat{h}$ nécessaire pour atteindre un niveau d'induction donné, que le NO_{35} présente des valeurs plus importantes que celles du NO_{50} [13] (voir figure 1.12 (d)). Cela signifie que sa perméabilité est moins importante que celle du NO_{50}. Ce phénomène peut être dû au taux de silicium qui a un impact sur la perméabilité (voir section 1.2.1 et tableau 1.3).

Les figures 1.12 (e) et (f) présentent respectivement les valeurs mesurées de H_c et des pertes spécifiques P_m en fonction de $\hat{b}$ pour les trois nuances étudiées. On aperçoit que les caractéristiques en régime quasi-statique du NO_{50} et NO_{35} sont très similaires et, dans les deux cas, sont beaucoup moins intéressantes que celles du GO_{35}. Par exemple, à 1 T, $P_m(GO_{35}) = 5.5\,\text{mW/kg}$ et $P_m(NO_{35}$ et $NO_{50}) = 26.2\,\text{mW/kg}$, soit un rapport de l'ordre de cinq. On peut déduire que, dans le cas du NO_{50} et NO_{35}, les pertes statiques ne dépendent pratiquement pas de l'épaisseur des tôles. Cette particularité figure également dans (Turowski 1993).

Les caractéristiques de l'acier GO présentées précédemment correspondent à celles de la DL. Toutefois, il est intéressant de voir le comportement d'autres directions. Pour cela, la direction $\alpha = 55°$, qui est la moins performante, a été comparée en régime quasi statique avec $\alpha = 0°$. La figure 1.13 présente les cycles de pertes de ces deux directions, mesurés au cadre Epstein à 2 Hz (ces cycles sont présentés avec des échelles différentes au niveau de h). On peut noter que $\alpha = 55°$ présente des niveaux de H_c, de $\hat{h}$ et des surfaces beaucoup plus importantes que $\alpha = 0°$. A la figure 1.14 sont présentées les valeurs mesurées de H_c, P_m en fonction de $\hat{b}$ et la courbe de $\hat{b}$ en fonction de $\hat{h}$ pour les deux directions. On peut constater l'énorme différence qui existe entre les deux directions et conclure que les mauvaises performances de $\alpha = 55°$ concernent également le régime quasi-statique.

13. Cette différence est confirmée par les données fournies par le producteur, voir tableau 1.4

2

Structure décalée

Les caractéristiques magnétiques du GO_{35} et du NO_{50} présentées à la section 1.3.2 montrent que la DL de l'acier GO présente des performances beaucoup plus intéressantes que l'acier NO, même pour des tôles de même épaisseur. Le problème technique de l'utilisation du GO dans les machines tournantes AC est la présence du champ tournant. Dans ce contexte, si on utilisait des tôles non-segmentées, le flux serait obligé de circuler dans d'autres directions que la DL, ce qui détériorerait les performances globales du circuit magnétique. Pour s'affranchir de ces contraintes nous avons proposé un mode d'assemblage des tôles GO découpées d'une seule pièce qui permet, en champ tournant, d'offrir toujours au flux une tôle convenablement orientée pour sa circulation. L'objet de ce chapitre est de présenter et d'analyser cette technique d'assemblage.

Dans un premier temps, la structure, qui s'apparente à un tore, est testée en champ unidirectionnel. A partir des résultats obtenus, les performances globales de la structure sont évaluées et comparées à celles d'une structure classique NO. Un modèle numérique, basé sur un réseau de réluctances non-linéaires, est proposé et validé. Il permet d'étudier les phénomènes locaux qui ont lieu au sein de l'empilement et ainsi de l'optimiser.

2.1 Présentation de la technique d'assemblage

Cette technique d'assemblage est présentée en considérant une structure qui s'apparente à un tore excité par un champ "unidirectionnel". En fait, pour réaliser ces "tores" on utilise des tôles GO, découpées de manière similaire à ce qui est fait avec des tôles NO pour réaliser le circuit magnétique statorique d'une machine AC, conformément à ce qui est présenté à la figure 2.1. Sur cette figure les dimensions que nous avons utilisées pour nos prototypes sont présentées ; D_{int} le diamètre intérieur de la culasse, D_{ext} le diamètre extérieur et D_{ale} le diamètre d'alésage. Dans ce cas, le découpage est réalisé au laser et on repère, lors du découpage, pour chaque tôle, la DL. On assemble ensuite ces tôles GO en décalant d'un angle constant β, compté toujours dans le même sens, la DL d'une tôle par rapport à la précédente. Cet arrangement est présenté à la figure 2.2. La structure est excitée par un enroulement disposé conformément à ce qui est présenté à la figure 2.3. Dans ces conditions, le flux, "unidirectionnel" circule dans la culasse de hauteur $h_s^c = 18.5\,\text{mm}$. Les dents ne jouent, à priori, aucun rôle. L'intérêt de tester une telle structure est de pouvoir comparer les pertes fer ainsi obtenues à celles qui seront engendrées par un dispositif similaire excité

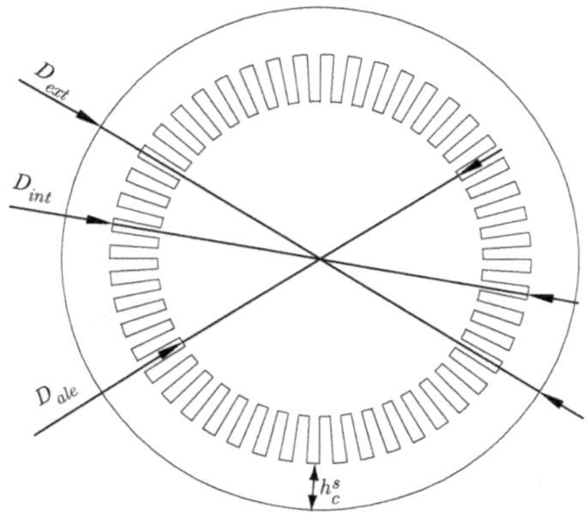

FIGURE 2.1 – Tôle d'un circuit magnétique statorique.

en champ tournant (chapitre 3).

Si les tôles étaient réalisées en utilisant un matériau isotrope (NO) alors, sous excitation monophasée, les lignes de champs dans le tore se repartiraient de manière uniforme dans chaque tôle sur la hauteur de l'empilement et décriraient des trajets circulaires. Le vecteur induction dans la culasse se confondrait avec sa composante tangentielle (composante normale nulle). Si cet assemblage est réalisé avec des tôles GO avec $\beta = 0°$, le flux se repartit également manière identique dans chaque tôle. Dans ces conditions, les lignes de champ forment avec la DL un angle α continument variable, ce qui conduit probablement à des lignes de champ qui décrivent un trajet plutot elliptique.

Pour $\beta \neq 0°$, lorsque le flux en un point de la tôle rencontre une zone peu propice à sa circulation (α proche de 55° par exemple) alors, il semble logique (principe de minimisation de l'énergie) que ce champ soit amené à transiter selon l'axe z dans le paquet de tôles pour en trouver une dont la DL soit proche de son sens de circulation. On est donc, avec cette structure, comparativement à ce même tore constitué de tôles NO, confronté à un problème typiquement 3D avec de nombreuses interrogations.

- Lors de sa transition selon l'axe z, le flux présente une composante selon cette direction. Quelle est la perméabilité de ce matériau suivant ce troisième axe ?
- Toujours, lors de sa transition selon l'axe z, le flux doit traverser des mini entrefers constitués par le revêtement isolant qui existe sur les tôles (section 1.2.1). A partir de quand cette réluctance selon z va t-elle remettre en cause ce principe ? Cette question peut être formulée différemment : Quelle est la limite haute de la périodicité spatiale selon z, autrement dit, quelle est la valeur optimale de β ?
- En considérant une structure optimisée suivant β, il apparait que certaines tôles, à un instant t et en un endroit donné de l'empilement, seront très fortement sollicitées comparativement à celles qui l'entourent. Ces tôles plus fortement sollicitées seront caractérisées par un α proche de 0°. Bien que, dans ces conditions, l'induction à

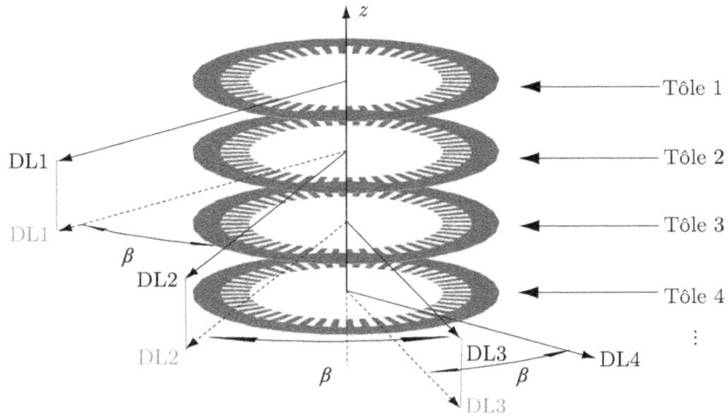

FIGURE 2.2 – Principe de décalage

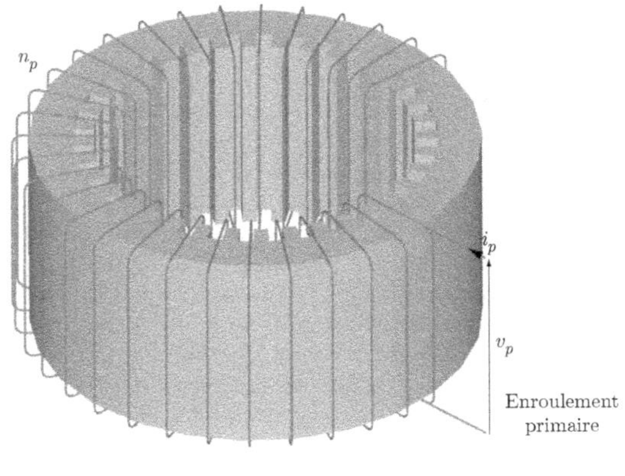

FIGURE 2.3 – Circuit magnétique torique.

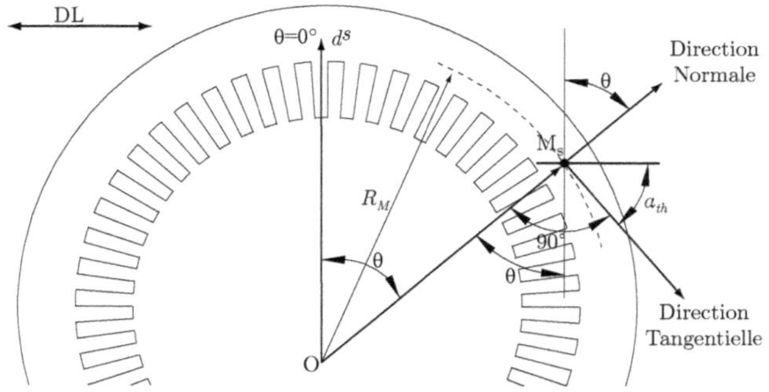

FIGURE 2.4 – Déviation de la DL par rapport à la direction tangentielle (ici la première tôle).

saturation soit plus élevée, à partir de quand la technique d'assemblage perdra son efficacité ?

La première réaction consiste à aborder cette analyse en mettant en œuvre un logiciel d'éléments finis. Cependant la nature même de ce problème, qui doit être traité en 3D en prenant en compte l'anisotropie suivant les trois axes, la saturation et, les problèmes de maillage compte tenu de la faible épaisseur des tôles et des mini entrefers, nous a découragés. Nous avons opté pour une approche plus physique accompagnée d'expérimentations. Ces sont donc ces points qui seront développés dans ce chapitre.

2.2 Evolution idéalisée de α

En supposant h_s^c petit devant D_{int} il est possible d'admettre, en première approche, que dans la culasse le trajet des lignes de champ est circulaire. Cela permet, en chaque point de déterminer une loi d'évolution idéale de α notée α_{th}. Définissons au niveau de l'assemblage une référence spatiale d^s. Un point M_s de la culasse sera caractérisé par sa distance R_M par rapport à l'axe O de la tôle et l'angle θ que forme $\overrightarrow{OM_s}$ par rapport à d^s. Le point M_s peut également être caractérisé par ses composantes normale et tangentielle (figure 2.4) Supposons que pour la première tôle de l'empilement, la DL soit perpendiculaire à d^s. Pour un point M_s de cette tôle caractérisé par $\theta = 0$, il vient : $\alpha_{th} = 0°$. Considérons à présent un point : M_s sur la première tôle à la position θ, alors, en ce point : $\alpha_{th} = \theta°$. En considérant autre point M_s toujours caractérisé par la même valeur de θ mais au niveau de la deuxième tôle alors : $\alpha_{th} = \theta + \beta$. Pour la énième tôle : $\alpha_{th} = \theta + (n-1)\beta$.

La structure décalée présente une périodicité sur la hauteur de l'empilement qui dépend de β. Si on utilise, par exemple, un angle $\beta = 90°$, cette périodicité est de deux tôles car la troisième tôle, décalée de 90° par rapport à la seconde, sera placée exactement comme la première. Les propriétés magnétiques sont les mêmes à 0° et 180° puisque, à direction donnée, le sens de laminage n'affecte pas le comportement de l'acier.

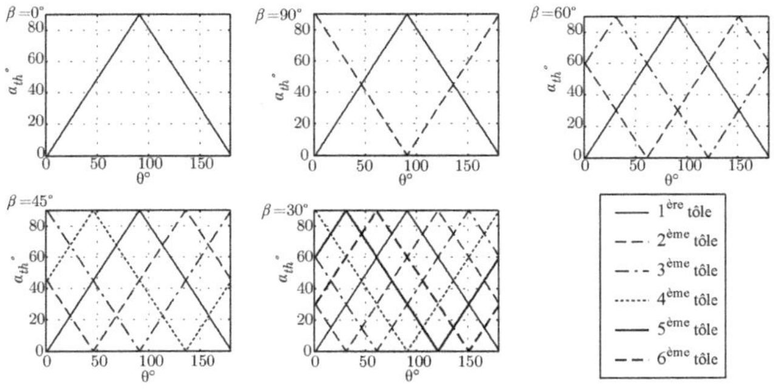

FIGURE 2.5 – Evolution de α_{th} pour différentes valeurs de β.

Ainsi, on peut exprimer la périodicité comme : $180°/\beta$. La figure 2.5 présente α_{th} en fonction de θ pour différentes valeurs de β, les valeurs de α_{th} sont données entre 0° à 90° compte tenu de la symétrie des propriétés magnétiques de l'acier GO (figure 2.6). θ varie entre 0° et 180° car pour tous les cas étudiés, il existe une symétrie à $\theta = 180°$.

On peut voir que la DL se confond avec la direction tangentielle ($\alpha_{th} = 0°$) pour :
- $\beta = 90°$, lorsque $\theta = 0°, 90°$ et $180°$.
- $\beta = 60°$, lorsque $\theta = 0°, 60°, 120°$.

Cette repartition de la DL aura une influence dans les performances du circuit magnétique.

2.3 Expérimentation en champ unidirectionnel

Le but de cette expérience est de tester le principe de décalage en champ unidirectionnel en utilisant un circuit magnétique torique constitué avec des tôles statoriques. L'excitation est réalisée au moyen d'un bobinage primaire et la mesure avec un enroulement secondaire. Cette méthode est à l'image de celle utilisée par les constructeurs de machines comme un moyen de comparaison de différents circuits magnétiques statoriques[14]. Les dents ne sont pas soumises à l'excitation magnétique mais, étant donné que la plupart de la masse du stator se trouve dans la culasse, ce type d'essai donne une idée, assez précise, des performances des circuits magnétiques. Les résultats de cette étude ont été utilisés pour la rédaction d'un article qui a été présenté à Sacramento CA lors du congrès Intermag 2009 et a été publié dans Transactions on Magnetics de la IEEE (Lopez et al. 2009*b*).

Les tôles utilisées pour réaliser ces couronnes statoriques ont été découpées conformément à ce que montre la figure 2.1. Des empilements de $h_{fer} = 5\,\mathrm{cm}$ de hauteur effective de fer ont été réalisés ce qui a nécessité 100 tôles de NO_{50} et 143 de GO_{35}. L'excitation a été assurée à l'aide d'une tension monophasée v_p, alimentant un enroulement primaire de 100

14. Cette méthode de caractérisation est similaire à celle utilisée dans le "Stator Tester ST 510" proposée par la société Brockhaus Messtechnik (B.M).

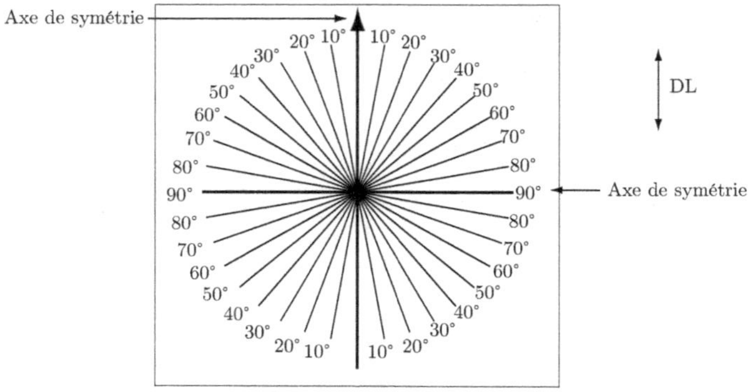

FIGURE 2.6 – Symétrie des caractéristiques magnétiques.

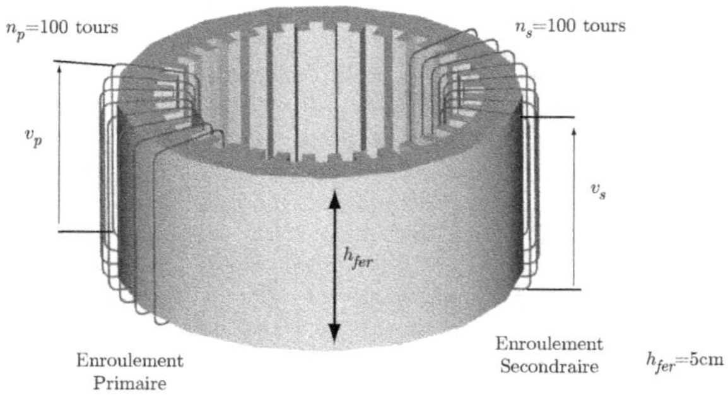

FIGURE 2.7 – Schéma d'une couronne statorique.

tours (n_p) comme le montre la figure 2.7. Un bobinage secondaire de 100 tours (n_s) permet de mesurer la tension induite v_s qui est l'image de l'induction globale tangentielle b_g du circuit.[15] Les matériaux utilisés pour mettre en œuvre ces prototypes sont le GO_{35} et le NO_{50}[16]. L'utilisation de ces aciers permet de comparer un matériau qui est fortement anisotrope comme le GO_{35} avec un autre ayant une faible anisotropie comme le NO_{50}. Notre objectif est de mettre en œuvre le GO_{35} pour la fabrication de moteurs à haut rendement. Notons que l'acier NO_{50} est utilisé assez couramment dans la fabrication de ce type de moteurs, le NO_{35} est plutôt utilisé dans la fabrication de moteurs et alternateurs de fortes puissances (Beckley 2000). Il est donc intéressant de comparer les performances du GO décalé avec le matériau qui est actuellement utilisé pour la fabrication de moteurs à haut rendement de petites et moyennes puissances.

D'autre part, afin de faciliter le passage éventuel du flux d'une tôle à l'autre, nous avons mis en place de courroies de serrage à chaque encoche du circuit. Ces dernières garantissaient un serrage homogène et assez important qui réduisait au minimum l'entrefer entre tôles.

La géométrie des prototypes utilisés, si l'on ignore la présence des dents, s'approche de celle d'un transformateur monophasé torique à section rectangulaire, cela permet d'utiliser le schéma équivalent du transformateur monophasé pour réaliser les calculs relatifs aux pertes fer P_{fer} et à l'estimation de la perméabilité relative équivalente μ_r. La figure 2.8 donne le schéma utilisé pour la réalisation des calculs.

Les essais présentés dans cette section ont été réalisés pour différentes valeurs d'induction globale crête $\hat{b}_g$. Cependant, à partir de $\hat{b}_g = 1.2\,\mathrm{T}$, la saturation est très prononcée, engendrant des phénomènes non-linéaires au niveau de l'induction (tension secondaire avec un haut contenu harmonique) qui rendent inutilisable le schéma équivalent du transformateur pour la conduite des calculs. Nous avons donc décidé de travailler dans la partie non saturée ($0\,\mathrm{T} \leq \hat{b}_g \leq 1.2\,\mathrm{T}$). Si nous avions voulu faire des essais à des niveaux de $\hat{b}_g$ plus importants, il aurait fallu utiliser une source asservie pour garder la tension secondaire sinusoïdale. A cause de la non linéarité des matériaux ferromagnétiques, le courant d'excitation aura un contenu harmonique relativement important. Nous utiliserons par conséquent la notion très classique de courant sinusoïdal équivalent dont la valeur efficace est celle du courant réel mesuré.

2.3.1 Procédure de calcul

- P_{fer} : étant donné que les essais ont été réalisés à vide, le courant secondaire i_s est égal à zéro. Donc v_s est égal à e_μ (rapport du nombre de spires égal à 1). Ainsi, les pertes fer, définies comme la puissance consommée par R_μ, s'obtiennent avec un oscilloscope qui effectue le calcul $P_{fer} = \frac{1}{T}\int_0^T v_s i_p dt$ où i_p est le courant primaire. Cette méthode permet de s'affranchir de la chute de tension dans la résistance r_p et l'inductance de fuite l_p de l'enroulement primaire.

15. Voir annexe B pour les plans détaillés pages 133 et 132
16. Voir section 1.3.2 pour les caractéristiques détaillées

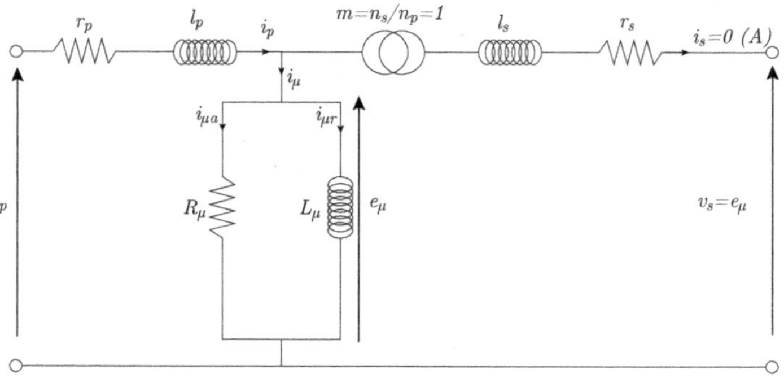

FIGURE 2.8 – Schéma équivalent d'un transformateur monophasé à vide.

- μ_r : supposons une distribution homogène du flux dans la section S du circuit magnétique : $S = 1/2h_{fer}(D_{ext} - D_{int})$, μ_r est calculée selon l'équation 2.1, où $\Re$ est la réluctance du circuit magnétique, $l = 1/2\pi(D_{ext} + D_{int}) = 570.2\,\text{mm}$ sa longueur moyenne, $\mu_0 = 4\pi 10^{-7}\,\text{Hm}^{-1}$ la perméabilité du vide, f la fréquence d'excitation et Q_μ la puissance réactive consommée par L_μ, S_{fer} la puissance apparente égale au produit $V_s I_p$ et Q_μ.

$$\mu_r = \frac{l}{S\mu_0\Re} \tag{2.1}$$

avec,

$$\Re = \frac{n_p^2}{L_\mu},\ L_\mu = \frac{X_\mu}{2\pi f},\ X_\mu = \frac{{V_s}^2}{Q_\mu},\ Q_\mu = \sqrt{S_{fer}^2 - P_{fer}^2}$$

- Courant réactif magnétisant $I_{\mu r}$: correspond à la valeur efficace de la partie réactive de i_p qui circule dans l'inductance magnétisante L_μ. $I_{\mu r}$ est l'image des caractéristiques magnétiques du circuit et est calculé comme :

$$I_{\mu r} = I_p \frac{Q_\mu}{S_{fer}} \tag{2.2}$$

- Induction globale crête $\hat{b}_g$: Cette grandeur correspond à l'induction magnétique globale du circuit magnétique, elle est calculée suivant :

$$\hat{b}_g = \frac{\sqrt{2}V_s}{n_s S 2\pi f} \tag{2.3}$$

2.3.2 Pertes fer

La figure 2.9 présente l'évolution de P_{fer} en fonction de $\hat{b}_g$ pour plusieurs valeurs de β. La configuration NO n'a pas été décalée car le NO_{50} est un matériau quasi-isotrope

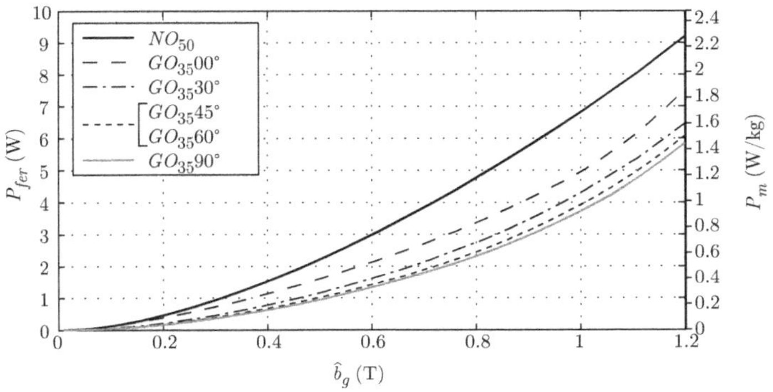

FIGURE 2.9 – Pertes fer P_{fer} pour les différents prototypes testés.

(section 1.3.2). Les circuits magnétiques GO_{35} décalés sont dénotés $GO_{35}\beta°$.

Sur la figure 2.9 les données sont présentées avec une double échelle : en Watt (W) correspondant à ce qui a été mesuré et en W/kg, qui est une unité plus utilisée dans le milieu de l'acier magnétique. Pour la correspondance entre les valeurs en W et en W/kg, la masse des prototypes pour la section soumise à l'excitation magnétique (on ne tient pas compte des dents) a été estimé comme : $volume \times masse\ volumique$, où $volume = lS = 5.27 \times 10^{-4}\text{m}^3$. Il se trouve que la masse volumique du GO_{35} est de $7650\,\text{kg/m}^3$ et celle du NO_{50} de $7700\,\text{kg/m}^3$, ce qui implique une différence de 0.6% qui, à l'échelle de la figure, serait imperceptible. Nous avons donc utilisé une masse volumique de $7650\,\text{kg/m}^3$ pour les deux matériaux. Cela conduit à une masse soumise à l'excitation magnétique de 4.035 kg.

A la figure 2.9, on peut voir que la configuration la plus performante en termes de pertes fer est $GO_{35}90°$ suivie de $GO_{35}60°$ et $GO_{35}45°$ (pour ces deux configurations, les courbes sont pratiquement confondues) puis $GO_{35}30°$, $GO_{35}00°$ et finalement NO_{50}. Nous avons calculé les différences relatives notées $\Delta P_{fer}(GO_{35}00°$ ou $NO_{50})$, par rapport, respectivement, à NO_{50} et $GO_{35}00°$, conformément à l'équation 2.4. La figure 2.10 (a) présente $\Delta P_{fer}(NO_{50})$ montrant que, par rapport au NO_{50}, $GO_{35}90°$ présente entre 38% ($\hat{b}_g = 1.2\,\text{T}$) et 65% ($\hat{b}_g = 0.2\,\text{T}$) moins de pertes. Cette comparaison montre que les performances du $GO_{35}\beta°$ relativement au matériau qui est utilisé actuellement pour la fabrication de machines à haut rendement sont beaucoup plus avantageuses. De plus, les machines tournantes courantes sont faites avec du NO de moins bonne qualité (0.65 mm d'épaisseur) (Beckley 2002). On peut donc imaginer que si l'on avait fait la comparaison avec ce type d'acier, la différence serait encore plus importante. Le gain de la configuration $GO_{35}90°$ se trouve entre 20% ($\hat{b}_g = 1.2\,\text{T}$) et 60% ($\hat{b}_g = 0.2\,\text{T}$) par rapport à $GO_{35}00°$ (figure 2.10 (b)), ce qui veut dire qu'en utilisant le même volume de matériau, on arrive à réduire les pertes en décalant les tôles de 90°. Comme, en général, dans les applications industrielles $\hat{b}_g$ est proche de 1.2 T on a donc un gain de l'ordre de 40% pour $GO_{35}90°$ par rapport au NO_{50} et de 20% par rapport au $GO_{35}00°$.

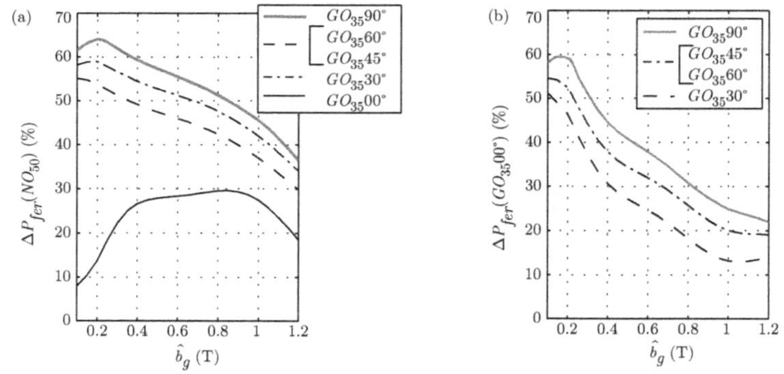

FIGURE 2.10 – (a) Différence en % des pertes fer par rapport à NO_{50} $\Delta P_{fer}(NO_{50})$; (b) par rapport à $GO_{35}00°$ $\Delta P_{fer}(GO_{35}00°)$.

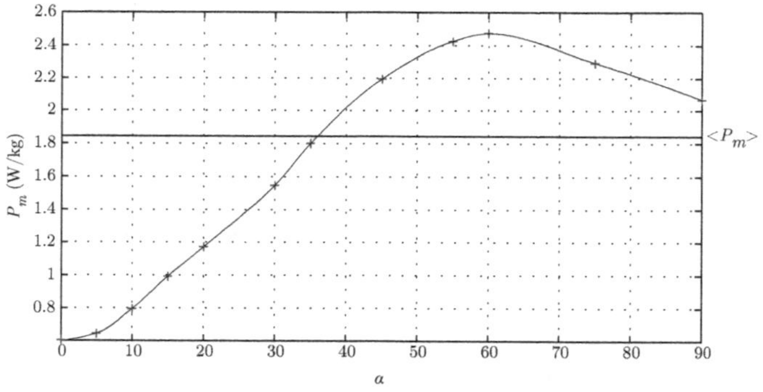

FIGURE 2.11 – Pertes massiques mesurées au cadre Epstein à $\hat{b} = 1.2\,\mathrm{T}$.

A la figure 2.10 (a) $GO_{35}60°$, $GO_{35}30°$, et $GO_{35}90°$ présentent des lois d'évolution similaires. $GO_{35}00°$ commence d'abord à accroître, il y a ensuite stabilisation de la courbe puis décroissance.

$$\Delta P_{fer}(GO_{35}00° \text{ ou } NO_{50}) = 100 \times \frac{P_{fer}(GO_{35}00° \text{ ou } NO_{50}) - P_{fer}(GO_{35}\beta°)}{P_{fer}(GO_{35}00° \text{ ou } NO_{50})} \tag{2.4}$$

La configuration $GO_{35}00°$ est assez particulière car le flux n'a aucune raison de transiter selon l'axe z comme précisé dans le premier paragraphe de ce chapitre. Par conséquent le flux rencontre un α continument variable. Il en résulte que l'on doit trouver, concernant P_m, une valeur proche de celle qu'il est possible de déduire des essais réalisés au cadre Epstein. La courbe de la figure 2.11 donne la loi d'évolution de P_m en fonction de α pour $\hat{b} = 1.2\,\mathrm{T}$ déduite des essais réalisés au cadre Epstein et présentés à la figure 1.11 (a) du premier chapitre. La valeur moyenne de $< P_m >$ déduite de cette courbe est égale à $1.82\,\mathrm{W/kg}$. Cette valeur est très proche de $1.9\,\mathrm{W/kg}$ que l'on relève pour $\hat{b}_g = 1.2\,\mathrm{T}$ sur la courbe 2.9.

2.3.3 Courant magnétisant

Ce type de circuit magnétique présente un facteur de puissance très faible. Nous avons comparé le courant consommé par chaque prototype, car en fonction de leur perméabilité apparente et des pertes, ils consommeront plus ou moins de courant à vide. La composante réactive $I_{\mu r}$ de ce courant sert à créer le champ magnétique d'excitation dont le circuit a besoin pour atteindre un niveau $\hat{b}_g$ donné.

La figure 2.12 montre le courant magnétisant en fonction de $\hat{b}_g$ pour différentes valeurs de β. Les résultats suivent la même tendance que ceux des pertes fer, c'est-à-dire que la configuration qui consomme le moins de $I_{\mu r}$ est $GO_{35}90°$.

On a donc simultanément, pour $GO_{35}90°$, une diminution de $I_{\mu r}$ et de P_{fer}, donc de $I_{\mu a}$. Cela se traduit par une diminution de I_μ ce qui présente, notamment pour les machines électriques, un avantage car le I_μ est de l'ordre de 50% du courant nominal, alors que pour les transformateurs cette proportion est beacoup plus faible (environ 10%). Il faut noter que dans une machine électrique la fmm consommée par l'entrefer est tributaire de la plupart du $I_{\mu r}$ (Ampère-tours consommés par le fer généralement négligeables). Ceci rend difficile une estimation de l'impact de l'utilisation d'un circuit décalé GO. Pour cela, au chapitre 4 des expérimentations avec des machines asynchrones mettant en œuvre une telle structure sont présentées.

Les différences relatives de consommation de courant magnétisant entre les configurations $GO_{35}\beta°$ et NO_{50}, ainsi que celles entre les $GO_{35}\beta°$ et $GO_{35}00°$ ont été calculées de la même façon que celle des pertes fer (équation 2.4). La figure 2.13 présente cette différence. Les configurations $GO_{35}00°$ et NO_{50} présentent des valeurs très similaires toutefois, comme le montrent les figures 2.13 (a) et (b), $GO_{35}90°$, $GO_{35}60°$ et $GO_{35}45°$ consomment entre 80% et 40% moins de $I_{\mu r}$ que NO_{50} et $GO_{35}00°$. Ceci peut être attribué à une augmentation de la valeur de X_μ et donc à la perméabilité relative apparente de l'ensemble.

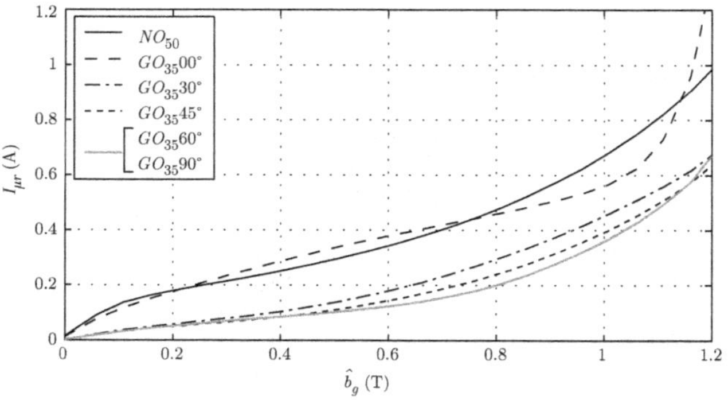

FIGURE 2.12 – Courant magnétisant $I_{\mu r}$ pour les différents prototypes testés.

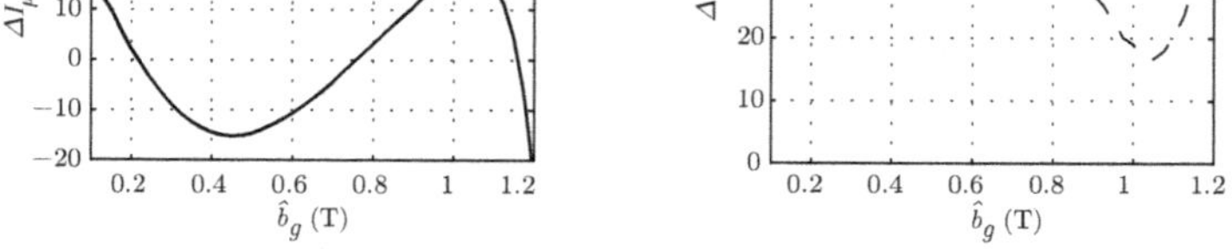

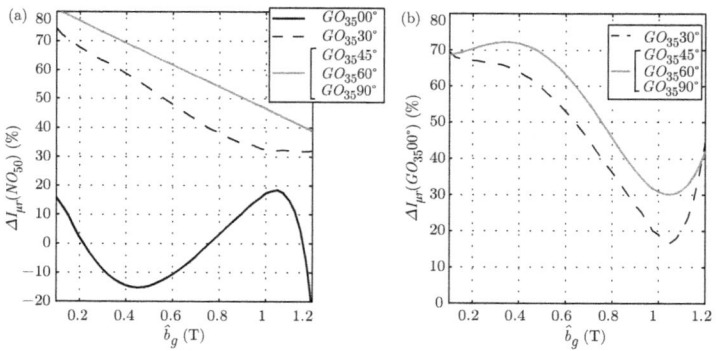

FIGURE 2.13 – (a) Différence en % du courant magnétisant $\Delta I_{\mu r}(NO_{50})$ par rapport à NO_{50} ; (b) $\Delta I_{\mu r}(GO_{35}00°)$ par rapport à $GO_{35}00°$.

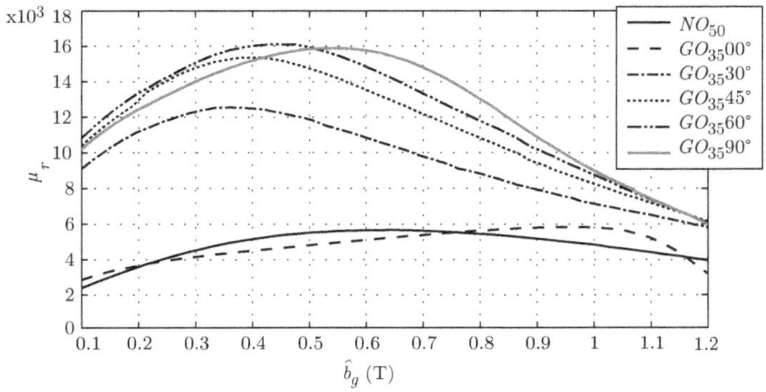

FIGURE 2.14 – Perméabilité relative μ_r.

2.3.4 Perméabilité relative μ_r

Le calcul de μ_r confirme ce qui a été montré à propos de $I_{\mu r}$. La figure 2.14 présente la valeur de μ_r en fonction de $\hat{b}_g$ pour les différentes configurations étudiées. On s'aperçoit que les configurations ayant la perméabilité la plus importante sont $GO_{35}90°$ et $GO_{35}60°$ et que les configurations les moins perméables sont $GO_{35}00°$ et NO_{50}.

2.3.5 Méthode différentielle

Nous avons observé que les angles de décalage qui présentent les meilleures caractéristiques sont $\beta = 90°$ et $60°$. Cependant, nous pouvons voir que la différence entre les mesures de ces deux prototypes est assez faible et, même si l'on arrive à la discerner, notamment à la figure 2.10 (b), il serait mieux de pouvoir la quantifier avec précision. Pour ce faire, une méthode de mesure différentielle a été réalisée, cette méthode consiste à mesurer directement la différence entre la puissance consommée par les deux prototypes au lieu de mesurer chaque puissance séparément pour calculer ensuite leur différence.

Si on a deux prototypes 1 et 2 avec respectivement un courant primaire i_{p1} et i_{p2} et des tensions secondaires v_{s1} et v_{s2}, les pertes fer sont définies comme :

$$P_{fer}(1) = 1/T \int_0^T i_{p1} v_{s1} dt \qquad P_{fer}(2) = 1/T \int_0^T i_{p2} v_{s2} dt$$

La différence entre les puissances consommées par les deux prototypes est :

$$\Delta P_{fer}(12) = P_{fer}(1) - P_{fer}(2) = 1/T \int_0^T i_{p1} v_{s1} dt - 1/T \int_0^T i_{p2} v_{s2} dt$$

Si $v_{s1} = v_{s2} = v_s$,

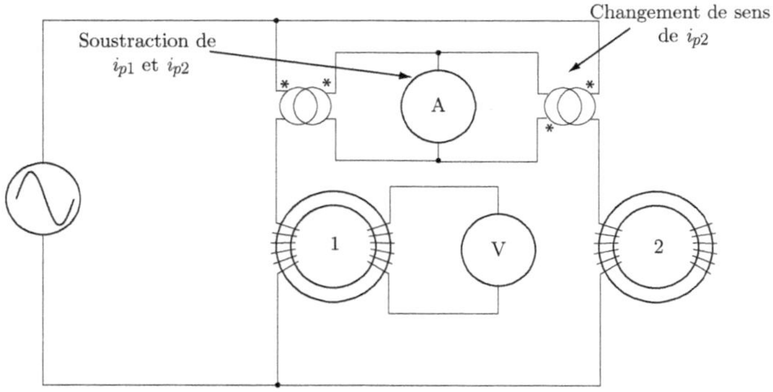

FIGURE 2.15 – Schéma de câblage pour la méthode différentielle.

$$\Delta P_{fer}(12) = 1/T \int_0^T (i_{p1} - i_{p2})(v_s)dt$$

Un simple calcul d'incertitude met en évidence la supériorité de cette procédure qui sera mise en œuvre dans le quatrième chapitre. Néanmoins, dans ce cas, se pose un problème. Si l'on mesure la différence des puissances absorbées avec utilisation des tensions primaires, le résultat inclut la différence des pertes fer mais également celle des pertes Joule dans les enroulements alimentés. Celle-ci peut être due à une légère différence des résistances des enroulements mais également à l'écart qui existe sur les courants absorbés. En outre dans ce cas, la détermination des pertes fer de l'une ou l'autre des structures n'est pas directe car elle nécessite de soustraire de la mesure les pertes Joule dans l'enroulement conduisant à introduire, sur les pertes fer, une erreur relativement importante.

La mesure de la différence des puissances en utilisant les tensions aux bornes des enroulements secondaires permet, quant à elle, de déterminer les pertes fer de chacune des structures. Cependant, pour mesurer la différence, il convient de formuler une hypothèse à savoir que les tensions v_{s1} et v_{s2} sont très proches où de prendre pour v_s la valeur moyenne instantanée de v_{s1} et v_{s2}.

Par conséquent, si l'on arrive à mesurer la différence des courants et si on a des tensions secondaires presque identiques, on peut mesurer directement ΔP_{12}. La mesure de $i_{p1} - i_{p2}$ est réalisée en utilisant le montage de la figure 2.15. On peut voir que, à l'aide de deux transformateurs d'intensité TI, i_{p2} est soustrait de i_{p1}. En utilisant cette méthode, la différence entre la puissance consommée par $GO_{35}60°$ et $GO_{35}90°$ a été mesurée. La figure 2.16 (a) présente $P_{fer}(GO_{35}60°)$ et $P_{fer}(GO_{35}90°)$ en fonction de $\hat{b}_g$ lorsque les puissances sont mesurées séparément. La figure 2.16 (b) présente, quant à elle, la différence $\Delta P_{GO_{35}60°GO_{35}90°}$ entre les puissances consommées par $GO_{35}60°$ et $GO_{35}90°$, mesurées par la méthode différentielle. Sur cette figure apparait également cette différence déduite des courbes présentées à la figure 2.16 (a). On note que ces courbes sont proches avec, cependant, une plus grande régularité dans la répartition des points lorsqu'on utilise la méthode

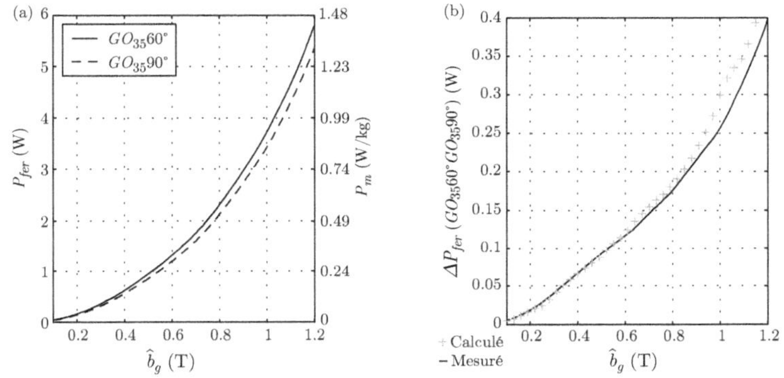

FIGURE 2.16 – (a) Pertes fer de $GO_{35}60°$ et $GO_{35}90°$; (b) Différence des pertes entre $GO_{35}60°$ et $GO_{35}90°$.

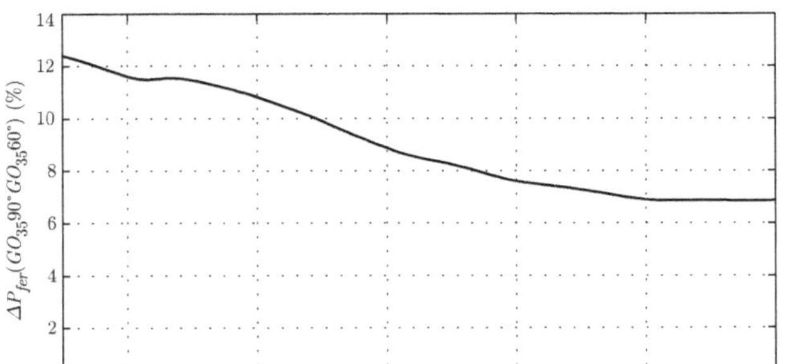

FIGURE 2.17 – Différence relative des pertes fer entre $GO_{35}90°$ et $GO_{35}60°$.

différentielle. Il apparaît également que l'écart sur les caractéristiques augmente avec $\hat{b}_g$.

$$\Delta P_{fer}(GO_{35}90°GO_{35}60°)\% = 100\frac{\Delta P_{fer}(GO_{35}90°GO_{35}60°)}{P_{fer}(GO_{35}60°)} \tag{2.5}$$

La comparaison des plusieurs prototypes nous pousse à étudier la différence entre $GO_{35}60°$ et $GO_{35}90°$ en pourcent. Pour cela, on utilise les résultats de $P_{fer}(GO_{35}60°)$ comme valeur de référence. Cette différence est calculée avec l'équation 2.5. La figure 2.17 présente la différence en pourcentage $\Delta P_{GO_{35}90°GO_{35}60°}\%$. On peut voir que, au niveau de P_{fer}, $GO_{35}90°$ présente entre 13% et 7% de moins de pertes que $GO_{35}60°$.

2.3.6 Calcul des pertes fer pour un NO d'épaisseur différente

Les expérimentations présentées ont été réalisées avec du GO_{35} et du NO_{50}. Notre objectif à présent est d'estimer les pertes que présenterait un NO qui aurait la même épaisseur que le GO utilisé. Pour cela, nous nous sommes basés sur la théorie des pertes fer (Section 1.3) en formulant plusieurs hypothèses de calcul :

- Les pertes statiques P_{sta}, comme cela a été montré à la section 1.3.2, sont indépendantes de l'épaisseur des tôles si l'on compare le NO_{50} au NO_{35}. Elles sont proportionnelles au carré de $\hat{b}_g$, à la fréquence d'excitation f et sont supposées être approximativement égales aux P_{fer} à 1 Hz (équation 1.3). La figure 2.18 (a) présente P_{sta} que nous avons mesuré pour le NO_{50} et le $GO_{35}90°$. On peut constater que la technologie mise en œuvre pour fabriquer de l'acier GO conduit à une grande différence entre les P_{sta} de ces deux prototypes.

- Les pertes classiques P_{cla} sont proportionnelles aux carrés de l'épaisseur d des tôles, de $\hat{b}_g$ et de f et peuvent être estimées avec l'équation 1.4 où $\sigma = 2.2727e10^6 \frac{1}{\Omega m}$. Cette quantité est considéré identique pour le NO_{50} et le NO_{35hypo}. La figure 2.18 (b) montre P_{fer} mesuré à 50 Hz avec le NO_{50} et la part correspondante à chaque type de pertes. P_{exc} est estimé comme la différence entre P_{fer} et la somme de P_{cla} et P_{sta}. On peut voir que les pertes classiques correspondent approximativement à 20% des pertes totales.

- Les pertes par excès P_{exc} sont proportionnelles à la racine carré de d, de $\hat{b}_g$ et de f et peuvent être estimées avec l'équation 1.5. A la figure 2.18 (b), il est montré que P_{exc} correspond à environ 15% de pertes totales.

Les différentes pertes pour le NO_{35hypo} sont calculées tenant compte du rapport entre les épaisseurs (équations 2.6 et 2.7).

$$P_{cla}(NO_{35hypo}) = P_{cla}(NO_{50})\frac{0.35^2}{0.5^2} \tag{2.6}$$

$$P_{exc}(NO_{35hypo}) = P_{exc}(NO_{50})\sqrt{\frac{0.35}{0.5}} \tag{2.7}$$

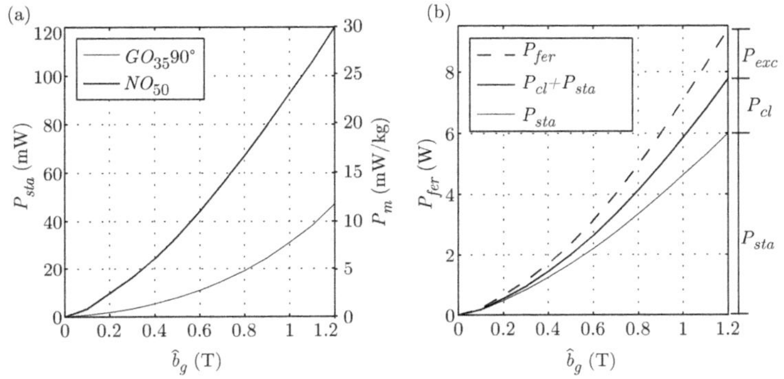

FIGURE 2.18 – (a) P_{sta} pour $GO_{35}90°$ et NO_{50} mesuré à 1 Hz ; (b) P_{sta}, P_{cla} et P_{exc} pour NO_{50} à 50 Hz.

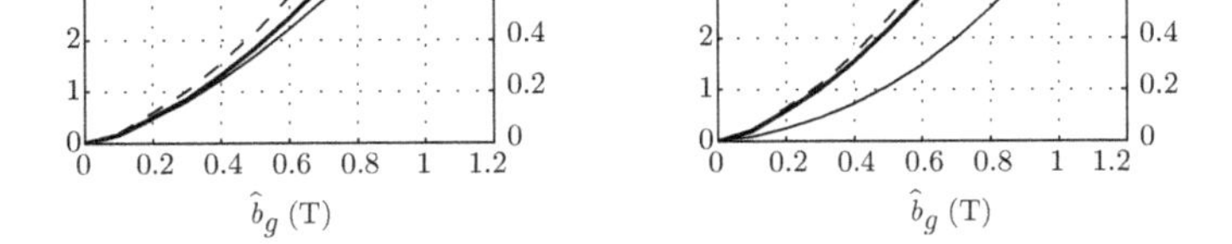

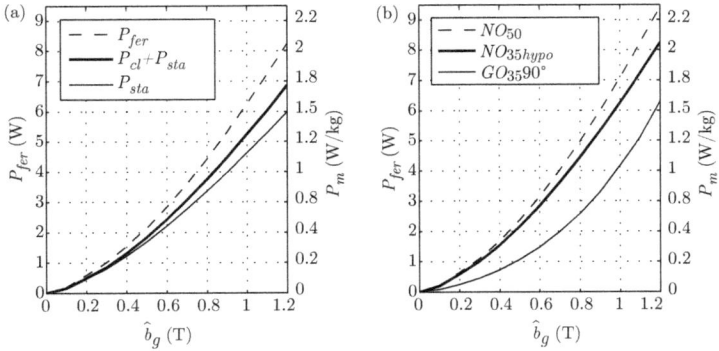

FIGURE 2.19 – (a) P_{sta}, P_{cla} et P_{exc} pour NO_{35hypo} ; (b) P_{fer} pour NO_{50}, NO_{35hypo} et $GO_{35}90°$.

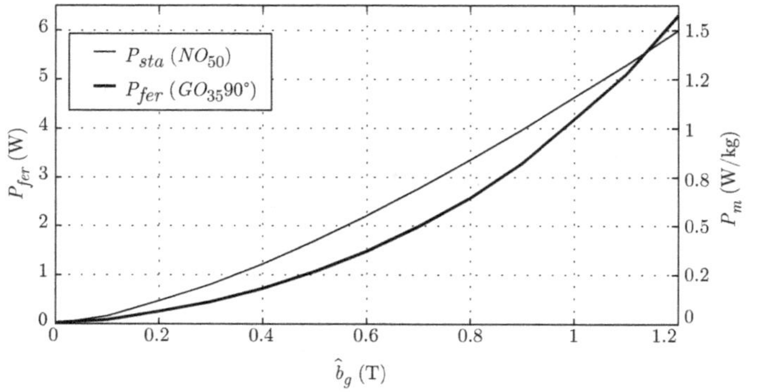

FIGURE 2.20 – P_{sta} NO_{50} et P_{fer} $GO_{35}90°$ à 50 Hz.

La figure 2.19 (a) montre les valeurs de chaque composant de pertes calculées pour le NO_{35hypo}. La figure 2.19 (b) présente P_{fer} pour NO_{50}, NO_{35hypo} et $GO_{35}90°$. Il apparaît que $GO_{35}90°$ présente, relativement au NO_{35hypo}, un gain significatif en terme des pertes. La figure 2.20 montre que $P_{fer}(GO_{35}90°)$ sont moins importantes que les P_{sta} du NO_{50} entre 0 T et 1.15 T. Cela signifie que, basé sur ce modèle, même un NO d'épaisseur infiniment petite présenterait plus de pertes que le $GO_{35}90°$.

On a constaté que dans le cas du NO_{50} et NO_{35}, la valeur de P_{sta} n'est pas liée à l'épaisseur des tôles (section 1.3.2). Cependant, si nous supposons que P_{sta} est proportionnel à l'épaisseur des tôles, le gain serait moins important. Il se trouve que, si on compare la courbe de $P_{fer}(NO_{50})$ de la figure 2.9 avec le tableau 1.5, on peut voir que à 1 T $P_{fer}(NO_{50}) \cong 1.7$ W/kg tant dans le tableau que sur la courbe. Ceci veut dire que les pertes fer mesurées avec les prototypes correspondent approximativement dans le cas du NO, aux données fournies par le fabricant.

Lors du calcul de $P_{fer}(NO_{35hypo})$, on trouve à 1 T $P_{fer}(NO_{35hypo}) \cong 1.5$ W/kg. Quand on suppose P_{sta} proportionnel à l'épaisseur de la tôle, à 1 T on trouve $P_{fer}(NO_{35hypo}) \cong 1.2$ W/kg. Ces pertes sont presque égales à celles du M 300-35 A. Nos calculs sont donc cohérents. On peut donc conclure que l'utilisation de tôles GO_{35} décalées est plus avantageuse que l'utilisation d'un NO de même épaisseur.

2.3.7 Etude locale

Mesure locale d'induction

Afin de connaître au niveau local les conséquences du décalage des tôles, plusieurs bobines exploratrices ont été placées sur des tôles instrumentées qui ont été insérées dans l'empilement qui constitue le circuit magnétique. Cette procédure a été réalisée pour les deux prototypes qui présentent les meilleures performances : $GO_{35}90°$ et $GO_{35}60°$. La figure 2.21 montre la localisation des bobines exploratrices pour chaque prototype analysé.

Les bobines sont repérés $l60_1$ et $l60_2$ pour la tôle insérée dans la maquette $GO_{35}60°$, et $l90_1$ et $l90_2$ pour celles de $GO_{35}90°$.

Grâce au décalage des tôles, les directions $\alpha_{th} = 0°$ [17] sont superposées à $\alpha_{th} = 60°$ pour les deux tôles suivantes dans le cas de $GO_{35}60°$ (périodicité de trois tôles). $\alpha_{th} = 0°$ est superposé à $\alpha_{th} = 90°$ pour la tôle suivante dans le cas de $GO_{35}90°$, comme présenté à la figure 2.22 (périodicité de 2 tôles). Grâce à cette superposition, la mesure faite avec les bobines donne une image de l'induction locale tangentielle b_l à plusieurs endroits du circuit magnétique. Dans le cas de la bobine $l60_1$ ou $l90_1$, on peut mesurer b_l pour $\alpha_{th} = 0°$. Avec les bobines $l60_2$ ou $l90_2$, on mesure b_l pour $\alpha_{th} = 60°$ ou $\alpha_{th} = 90°$ respectivement. Ces mesures correspondent à $\theta = 0°$, $90°$ et $180°$ pour $GO_{35}90°$, et $\theta = 0°$, $60°$, $120°$ et $180°$ pour $GO_{35}60°$. Les bobines utilisées pour la mesure ont été faites avec du fil très fin ($100\,\mu$m de diamètre) et la mesure de l'induction est réalisée par l'intégration numérique de la f.e.m induite qui apparait aux bornes de ces bobines. Cette intégrale est divisée par la section transversale d'une tôle ($0.35\,\text{mm} \times 18.2\,\text{mm}$) et par le nombre de spires qui est dans ce cas de 20.

La figure 2.23 donne les signaux de b_g et b_l mesurés pour une valeur de $\hat{b}_g = 0.36\,\text{T}$. On peut voir que le flux est principalement instauré à $\alpha_{th} = 0°$ dans les deux cas ($l60_1$ et $l90_1$), avec une induction locale tangentielle crête $\hat{b}_l = 0.66\,\text{T}$ pour $l90_1$ et $\hat{b}_l = 0.86\,\text{T}$ pour $l60_1$. La valeur de $\hat{b}_l$ correspondante à $l90_1$ est approximativement deux fois $\hat{b}_g$, et celle de $l60_1$ est presque 2.5 fois $\hat{b}_g$. De ces figures on peut déduire que le flux passe d'une tôle à l'autre afin de chercher le chemin le plus perméable comme cela a pu être constaté lors d'expérimentations avec d'autres prototypes (Hihat et al. 2010*b*).

Dans le cas où le circuit est plus proche de la saturation ($\hat{b}_g = 1.17\,\text{T}$, figure 2.24) la plupart du flux est également instauré dans les tôles où $\alpha_{th} = 0°$ ($l60_1$ et $l90_1$) pour les deux configurations avec une valeur $\hat{b}_l = 1.5\,\text{T}$. On peut voir aussi que le niveau d'induction de $\alpha_{th} = 60°$ pour $GO_{35}60°$ ($l60_2$) est plus élevé qu'il ne l'était dans le cas précédent, avec une valeur de $\hat{b}_l = 1.1\,\text{T}$. Tandis qu'à $\alpha_{th} = 90°$ pour $GO_{35}90°$ ($l90_2$) on constate un niveau de $\hat{b}_l = 0.25\,\text{T}$ et une forte présence d'un harmonique à 150 Hz, dû probablement à la saturation locale dans certaines parties du circuit.

Les figures 2.25 (a) et (b) montrent les valeurs d'induction crête mesurées localement. Dans le cas de $GO_{35}90°$, c'est la partie où $\alpha_{th} = 0°$ qui prend tout le flux, même pour des inductions élevées, tandis que pour $GO_{35}60°$ à environ 0.5 T, le flux commence à s'instaurer dans les tôles où $\alpha_{th} = 60°$. On peut constater que pour $GO_{35}90°$ une tôle sur deux est orientée à 0°, tandis que pour $GO_{35}60°$, il y en a une sur trois ce qui force le flux à s'instaurer en particulier dans les tôles mal orientées.

On peut justifier assez simplement cette répartition en recourant tout d'abord à un raisonnement binaire. Le flux se concentre totalement dans la tôle bien orientée.

Considérons un empilement de n tôles.
- Pour $\beta = 90°$, $n/2$ tôles véhiculent le flux.
- Pour $\beta = 60°$, c'est seulement $n/3$ tôles qui contribuent à véhiculer le flux.

17. Voir section 2.2 pour la définition de α_{th}

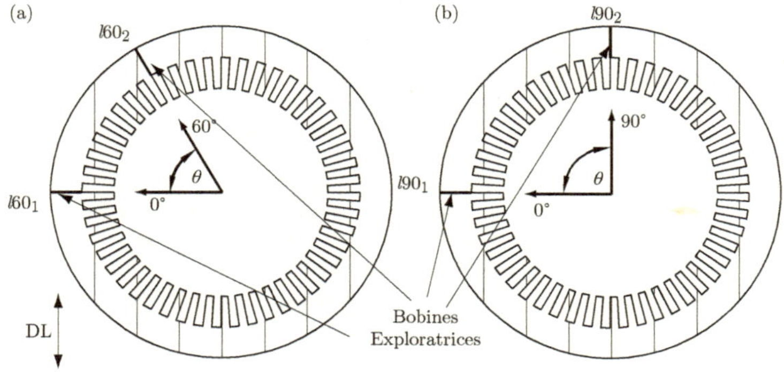

FIGURE 2.21 – Emplacement des bobines pour : (a) La configuration $GO_{35}60°$; (b) La configuration $GO_{35}90°$.

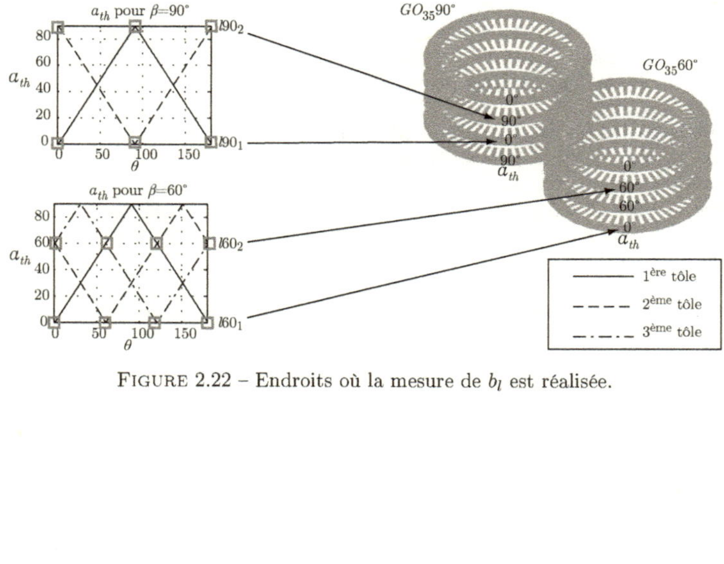

FIGURE 2.22 – Endroits où la mesure de b_l est réalisée.

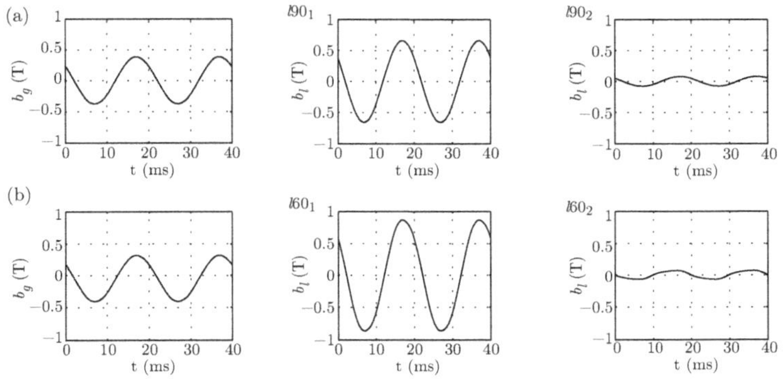

FIGURE 2.23 – Signaux d'induction mesurés ($\hat{b}_g = 0.36\,\mathrm{T}$) : (a) Pour $GO_{35}90°$; (b) Pour $GO_{35}60°$.

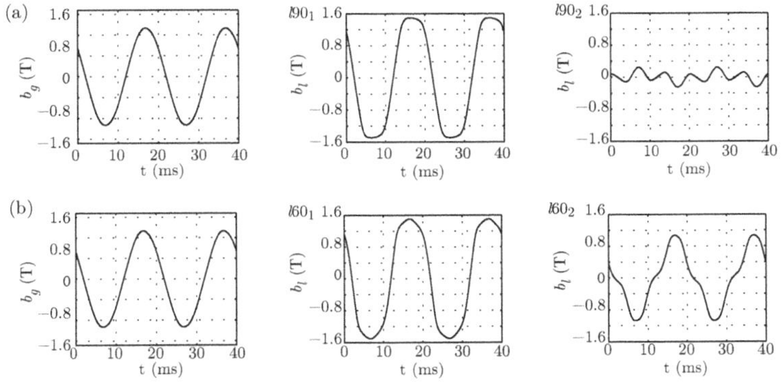

FIGURE 2.24 – Signaux d'induction mesurés ($\hat{b}_g = 1.17\,\mathrm{T}$) : (a) Pour $GO_{35}90°$; (b) Pour $GO_{35}60°$.

Par conséquent, à flux φ donné dans la structure, le flux dans les positions $l60_1$ et $l90_1$, vaut respectivement 3φ et 2φ. Il en résulte que $\hat{b}_l$ pour $l60_1$ est égal à 1.5 fois $\hat{b}_l$ pour $l90_1$. Les expérimentations montrent que ce rapport est de l'ordre de 1.25. Lorsque le flux croît, la saturation dans la tôle bien orientée va apparaitre plus vite pour la configuration $\beta = 60°$ que pour $\beta = 90°$. Cette saturation se manifeste, pour $\alpha_{th} = 0°$, à une diminution de μ_r qui se rapproche par conséquent des valeurs relatives à $\alpha_{th} = 60°$, dégradant de ce fait plus rapidement les performances de cette configuration comme cela apparait à la figure 2.16.

Estimation des pertes locales

Afin de voir l'effet de cette répartition locale d'induction sur les pertes fer massiques locales P_{ml}, les valeurs de $\hat{b}_l$ mesurées ont été utilisées pour calculer P_{ml} à l'aide des relevés faits au cadre Epstein (voir section 1.3.2, figure 1.11 (a)). L'estimation de P_{ml} a été réalisée en supposant que l'angle entre l'induction locale et la direction de laminage α est égal à α_{th} dans les différents endroits où $\hat{b}_l$ a été mesuré.

Les figures 2.26 (a) et (b) donnent une estimation des pertes massiques locales. On peut voir que les zones correspondantes à $\alpha = 0°$ ont un comportement similaire pour les deux configurations, tandis que la zone caractérisée par $\alpha = 60°$ présente beaucoup de pertes, notamment à partir de 0.5 T. A contrario la zone $\alpha = 90°$ génère beaucoup moins de pertes que $\alpha = 0°$ et surtout $\alpha = 60°$. Bien que le flux dans les tôles mal orientées soit faible, les très mauvaises performances de l'acier magnétique pour cette valeur de α conduit à ces disproportions sur les pertes. La figure 2.26 (c) présente les pertes locales moyennes $\overline{P_{ml}}$ calculées en utilisant les données présentées aux figures 2.26 (a) et (b). Cette moyenne a été calculée avec les équations 2.8 et 2.9.

$$\overline{P_{ml}}(GO_{35}90°) = \frac{P_{ml}(l90_1) + P_{ml}(l90_2)}{2} \tag{2.8}$$

$$\overline{P_{ml}}(GO_{35}60°) = \frac{P_{ml}(l60_1) + 2P_{ml}(l60_2)}{3} \tag{2.9}$$

On voit que, au niveau local, le fait de décaler les tôles de 90° produit une réduction de pertes massiques due à l'instauration de la plupart du flux sur la moitié des tôles. Ceci est dû à la haute perméabilité du sens de laminage ($\alpha_{th} = 0°$), qui est beaucoup plus magnétisée que la direction $\alpha_{th} = 90°$. Par contre, pour un décalage de 60°, la proportion de tôles ayant $\alpha_{th} = 0°$ est moins importante (1/3), ce qui oblige la direction $\alpha_{th} = 60°$ à s'aimanter, conduisant ainsi à une augmentation des pertes locales.

2.3.8 Estimation de l'incertitude de la mesure

Afin d'estimer la précision des mesures des pertes présentées dans cette section, plusieurs essais ont été réalisés avec le $GO_{35}90°$. Les résultats ont été analysés en utilisant des outils statistiques classiques (Meyer 1975). Les pertes fer ont été choisies comme sujet d'étude car leur mesure dépend de la mesure de tension et de courant, donc du facteur de

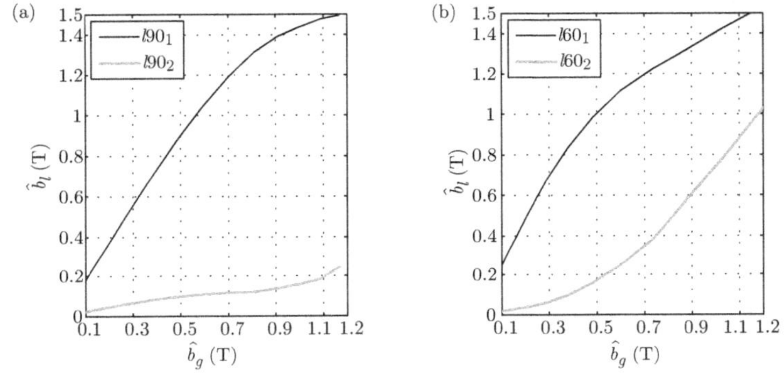

FIGURE 2.25 – $\hat{b}_l$ en fonction de $\hat{b}_g$ pour : (a) $l90_1$ et $l90_2$ ($GO_{35}90°$) ; (b)$l60_1$ et $l60_2$ ($GO_{35}60°$).

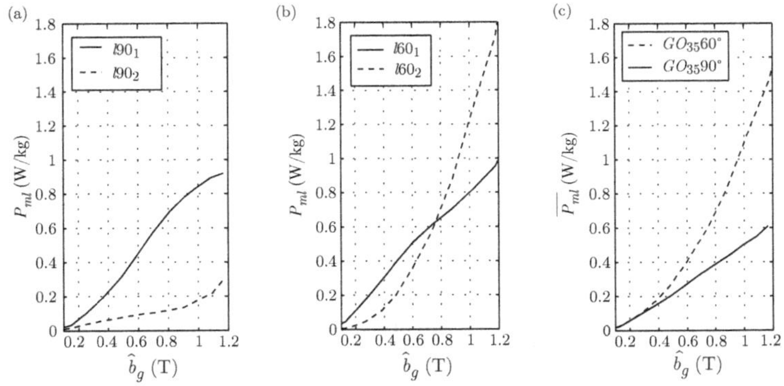

FIGURE 2.26 – Pertes massiques locales P_{ml} en fonction de $\hat{b}_g$ pour : (a) $l90_1$ et $l90_2$; (b) $l60_1$ et $l60_2$; (c) Pertes moyennes locales $\overline{P_{ml}}$ en fonction de $\hat{b}_g$.

puissance, qui dans notre cas est très faible ; ainsi, si on estime la précision de la mesure des pertes, on peut supposer que celles du courant et de la tension seront meilleures.

Nous supposons qu'il n'existe pas d'erreur systématique, c'est-à-dire que notre appareil de mesure, un oscilloscope *Tecktronics DPO7054* et la sonde de mesure de courant *Tecktronics TCP0030*, sont bien calibrés et qu'il n'existe pas d'autre source d'erreur pour la mesure. Nous supposons donc une bonne justesse de mesure.

On peut supposer que la moyenne arithmétique sur plusieurs échantillons nous donne une valeur proche de la vraie valeur. Une série de $N = 10$ mesures de P_{fer} en fonction de $\hat{b}_g$ est réalisée. La figure 2.27 (a) présente la moyenne des mesures en fonction de $\hat{b}_g$, cette moyenne est réalisée en interpolant les mesures et en appliquant la définition de la moyenne arithmétique tous les 0.1 T :

$$\overline{P_{fer}} = \frac{1}{N}\sum_{i=1}^{N} P_{fer_i} \tag{2.10}$$

où P_{fer_i} correspond à a mesure i de P_{fer}. Les mesures ne sont pas présentées à la figure 2.27 (a) car l'échelle ne permettrait pas de voir leur dispersion statistique. La figure 2.27 (b) montre la valeur relative de chaque mesure par rapport à la moyenne calculée comme :

$$\Delta P_{fer_r} = \frac{P_{fer_i}}{\overline{P_{fer}}} \tag{2.11}$$

L'écart type pour une population y est définie comme $\sigma_{type} = \sqrt{\overline{(y-\bar{y})^2}}$; celui-ci est généralement le meilleur indicateur d'erreurs aléatoires. Dans notre cas, il faudrait faire un nombre infini d'essais pour avoir la vraie valeur de σ_{type}. Ainsi, afin d'estimer sa valeur, on calcule l'indicateur de l'écart type in_σ qui est définit comme : $in_\sigma = \sqrt{\frac{\sum(y-\bar{y})^2}{N-1}}$. Nous calculons donc in_σ pour la mesure de P_{fer}.

$$in_\sigma = \sqrt{\frac{\sum\left(P_{fer_i} - \overline{P_{fer}}\right)^2}{N-1}} \tag{2.12}$$

Si nous supposons une distribution normale de probabilité, ce qui se fait couramment dans ce type de mesure, l'intervalle pour un niveau de confiance de 95% est defini comme :

$$P_{fer} = \overline{P_{fer}} \pm 1.96 in_\sigma \tag{2.13}$$

Comme l'intervalle de confiance et la dispersion statistique des mesures sont très petits, la figure 2.28 présente P_{fer_r} en fonction de $\hat{b}_g$. Cette figure met en évidence tant la dispersion statistique des mesures que l'intervalle de confiance calculé avec 2.12 et 2.13. L'analyse de cette figure, permet de conclure que la mesure de P_{fer} présente, à un niveau de confiance de 95%, un maximum de 2.8% d'incertitude avec une incertitude moyenne de 0.72%.

Une incertitude de 0.72% dans la mesure nous permet de valider les comparaisons présentées précédemment. Cette incertitude pourrait être réduite si on répéte la mesure systématiquement. Dans ce cas, on pourrait tenir compte de la déviation de la moyenne

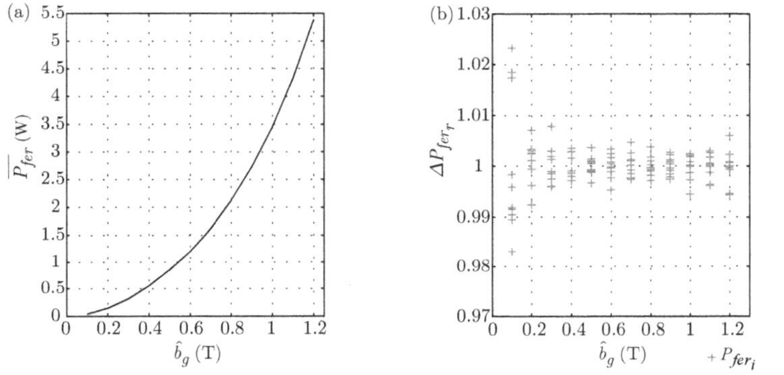

FIGURE 2.27 – (a) Pertes fer moyennes $\overline{P_{fer}}$; (b) Valeur relative des mesures para rapport à la moyenne ΔP_{fer_r}

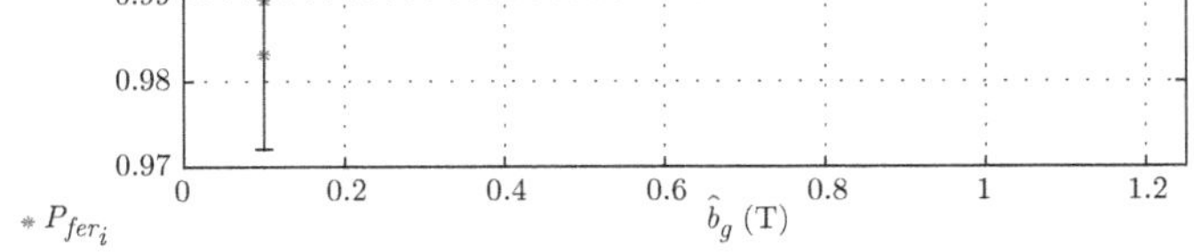

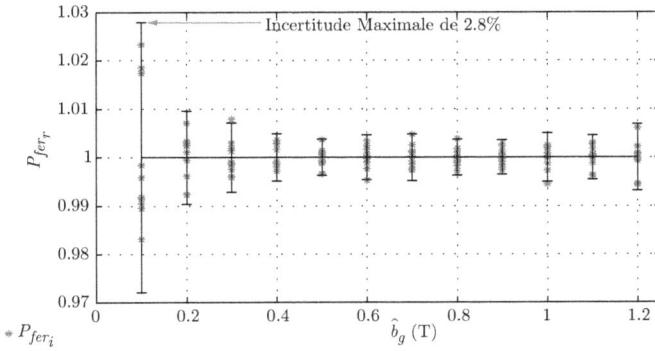

FIGURE 2.28 – Valeur relative des mesures par rapport à la moyenne ΔP_{fer_r} en fonction de $\hat{b}_g$

$\Delta\bar{y} = \sqrt{in_{\sigma}^2/N}$ et non de in_{σ}, mais vu le nombre de prototypes à tester, une répétition de la mesure systématique prendrait trop de temps. Ainsi, on peut conclure que les mesures présentées dans cette section sont en moyenne à ±0.72% de la moyenne qui représente l'indicateur de la valeur exacte.

Mis à part la présidions de mesure, il est aussi important d'étudier la répétabilité de l'expérience. Voir si, deux prototypes ayant le même décalage présenteront des caractéristiques similaires. Ceci a été vérifié en démontant et remontant plusieurs fois les prototypes en mélangeant les tôles qui les composent. Les résultats trouvés étaient toujours très proches les uns des autres.

2.3.9 Conclusion sur les expérimentations en champ unidirectionnel

La structure décalée a été testée en champ unidirectionnel montrant dans un premier temps que, grâce au décalage, les performances d'un circuit magnétique fabriqué avec du GO peuvent être améliorées. De plus, les performances du circuit GO décalé ont été comparées à celles d'un circuit construit avec le NO qui est utilisé couramment pour la fabrication de machines à haut rendement. Cette comparaison montre que le GO décalé présente des caractéristiques plus intéressantes que le NO, même s'il est comparé à une nuance de NO haut de gamme peu utilisée dans la fabrication de machines électriques tournantes de moyenne puissance.

Les résultats montrent que le décalage le plus performant est $\beta = 90°$, aussi bien pour les pertes fer, la perméabilité relative que le courant magnétisant. Ces caractéristiques sont très importantes quant à la conception d'une machine électrique, vis-à-vis du rendement et des chutes de tension sur le réseau d'alimentation. Des mesures locales ont été réalisées afin de connaître la répartition interne du flux magnétique, montrant que, dans le cas du $GO_{35}90°$, la saturation locale est moins prononcée que dans le cas de $GO_{35}60°$.

La différence globale entre $GO_{35}90°$ et $GO_{35}60°$ a été quantifiée de façon précise grâce à la méthode différentielle de pertes qui permet de mesurer la différence entre deux puissances avec une haute précision. Grâce à cette méthode, on a pu confirmer les résultats précédents. Une approche statistique pour l'analyse de la précision de la mesure a été réalisée montrant que l'incertitude est très faible : 0.72% en moyenne, ce qui montre que les comparaisons faites précédemment sont valables.

Les performances de la structure décalée sont dues à la présence de la DL dans plusieurs zones reparties sur la hauteur du circuit magnétique, permettant au flux magnétique de s'y instaurer. Ainsi, globalement, le circuit consomme moins d'énergie grâce aux caractéristiques de la DL. Compte tenue de l'anisotropie du GO_{35} et les difficultés qu'elle engendre dans l'utilisation d'un logiciel conventionnel par éléments finis, un modèle simplifié qui permet d'analyser les phénomènes locaux dans la structure décalée est proposé à la section suivante.

2.4 Modélisation

A la section 2.3.7 ont été présentées des mesures locales d'induction qui ont été réalisées sur les prototypes des couronnes statoriques. La meilleure façon de savoir quel est l'angle de décalage optimal pour le GO serait de connaître la distribution locale de l'induction dans tout le circuit magnétique.

La méthode la plus simple aurait été de modéliser la structure décalée en utilisant un logiciel de calcul par éléments finis mais l'anisotropie 3D associée à la saturation locale pose un problème. Comme il a été montré à la section 1.3.2, l'acier GO présente une anisotropie très complexe. Les logiciels pour le calcul par éléments finis soit ne tiennent pas du tout compte de l'anisotropie, soit en tiennent compte seulement dans deux sens : le sens de laminage et le sens transverse. Dans le cas du GO, il faudrait tenir compte des caractéristiques d'autres directions, notamment 54.7°, qui est connue comme la direction de difficile aimantation, ainsi que des phénomènes 3D.

Un modèle basé sur la discrétisation en éléments géométriquement simples est proposé afin de mieux appréhender les résultats obtenus expérimentalement avec le principe de décalage des tôles. Ce modèle cherche, dans un premier temps, à retrouver les grandeurs globales mesurées lors des essais pour, ensuite, analyser au niveau local les phénomènes qui produisent ces résultats globaux. Cela permettra finalement de proposer une méthodologie destinée à prédéfinir le meilleur décalage dans le cadre de futures applications.

2.4.1 Hypothèses et principe de calcul

Discrétisation : Le modèle proposé a été basé sur la géométrie des couronnes statoriques (section 2.3) car sa simplicité permet le développement d'un modèle discret d'une complexité réduite. La figure 2.29 (a) montre la géométrie des prototypes testés. La zone aimantée, qui ne concerne pas les dents, est présentée à la figure 2.29 (b).

Circuit de réluctances en série : La simplicité de la zone magnétisée de ces prototypes permet leur modélisation avec un circuit circulaire de réluctances connectées en série comme il est présenté à la figure 2.30. Si l'on considère des éléments R_k compris dans $\Delta\theta$, le nombre m de ces éléments vaut $m = \frac{2\pi}{\Delta\theta}$. Dans notre cas particulier nous avons travaillé avec 360 éléments donc $1 \leq k \leq 360$, . La structure décalée a une périodicité spatiale selon z qui correspond à n tôles avec $n = 180°/\beta$, comme on l'a signalé à la section 2.2. La modélisation concerne donc une période selon z. Par conséquent l'élément R_k sera composé de l'association en parallèle de n tôles. Ces tôles seront repérées $R_{k,j}$ avec $1 \leq j \leq n$, comme présenté à la figure 2.31.

Propriétés des réluctances : Comme α_{th} évolue avec θ et j, les propriétés de chaque élément $R_{k,j}$ vont aussi évoluer. Ces éléments sont séparés entre eux d'une réluctance R_e qui représente :

- La réluctance de la couche isolante d'épaisseur e_{iso} comprise entre $1\,\mu m$ et $5\,\mu m$ (section 1.2.1) et de perméabilité relative supposée égale à l'unité.

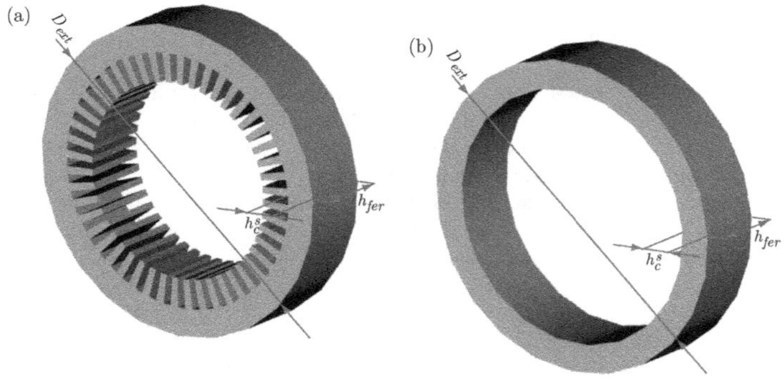

FIGURE 2.29 – (a) Géométrie des prototypes testés ; (b) Zone magnétisée.

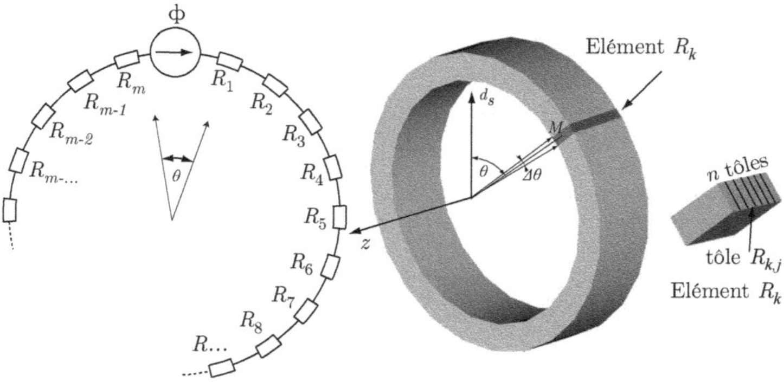

FIGURE 2.30 – Circuit de réluctances connectées en série ;

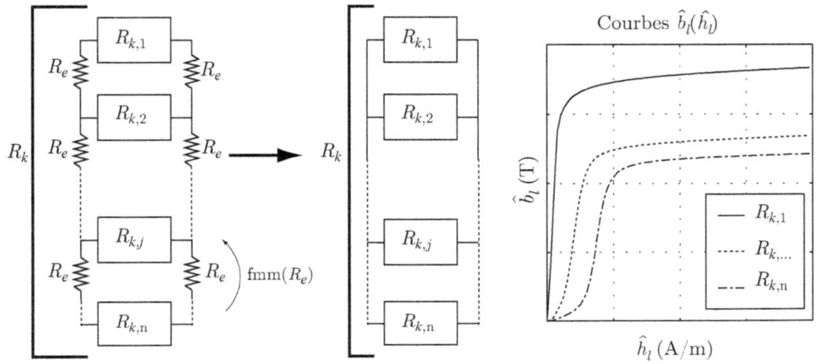

FIGURE 2.31 – Réluctances $R_{k,j}$ et représentation schématique de leurs caractéristiques $\hat{b}_l(\hat{h}_l)$.

- La réluctance de la partie relative à la tôle qui véhicule le flux suivant sont épaisseur de perméabilité relative μ_{rz}, nous attribuerons à μ_{rz} la valeur de 60 (Hihat et al. 2010*a*).

La valeur de $R_{k,j}$ est tributaire de α_{th} qui conditionne sa valeur de perméabilité, nous avons vu à la section 1.3.2, figure 1.11 (b) que la valeur de perméabilité instantanée de différentes valeurs de α évolue en fonction de l'induction. Cette particularité nous oblige à utiliser la caractéristique $\hat{b}(\hat{h})$ des différents α_{th}, donnant ainsi un caractère non linaire à sa valeur de perméabilité.
Considérons un élément de volume infinitésimal dans une tôle associée à son isolant comme l'indique la figure 2.32. $R_{k,j}$ et R_e s'expriment par les équations 2.14 et 2.15. Ces relations montrent que $R_{k,j}$ croît et que R_e diminue lorsque $\Delta\theta$ augmente. Pour avoir R_e négligeable devant $R_{k,j}$ il faudrait prendre $\Delta\theta > 10°$, comme nous avons considéré un $\Delta\theta = 1°$ il n'est pas, à priori, possible de négliger R_e devant $R_{k,j}$. En fait, la valeur de R_e seule ne peut pas nous renseigner sur le comportement de la structure car ce qui importe c'est le flux qui transite d'une tôle à l'autre. Ce flux est fonction de R_e mais également de la force magnéto motrice consommée par R_e (figure 2.31). Cette quantité est également tributaire de $\Delta\theta$.

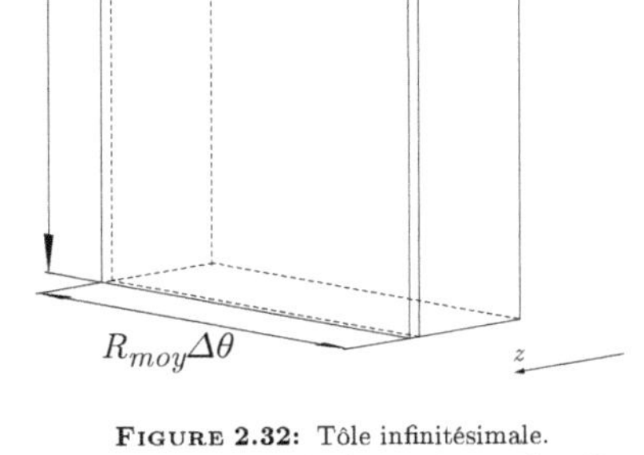

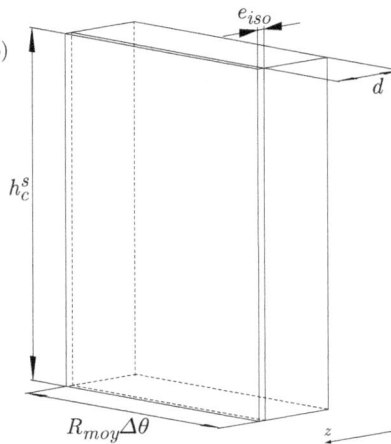

FIGURE 2.32: Tôle infinitésimale.

Tôle	Sans Isolant				Avec Isolant			
	Entrée		Sortie		Entrée		Sortie	
	$<b>$ (T)	$<h>$ (A/m)	$<b>$ (T)	$<h>$ (A/m)	$<b>$ (T)	$<h>$ (A/m)	$<b>$ (T)	$<h>$ (A/m)
1	0.611	63.16	0.402	82.37	0.596	61.27	0.436	90.74
2	0.349	70.27	0.694	73.96	0.387	79.00	0.671	70.87
3	0.664	70.22	0.365	73.88	0.652	68.34	0.397	81.21
4	0.365	73.86	0.666	70.25	0.396	81.08	0.649	67.98
5	0.684	73.97	0.349	70.26	0.669	70.61	0.387	78.79
6	0.402	82.24	0.611	63.16	0.441	91.91	0.602	61.97

Tableau 2.1 – Induction d'entrée et de sortie pour chacune des tôles ($GO_{35}90°$).

$$R_{k,j} = \frac{1}{\mu_r \mu_0} \frac{R_{moy}\Delta\theta}{dh_s^c} \tag{2.14}$$

$$R_e = \frac{1}{\mu_0 h_s^c R_{moy}\Delta\theta} \left(\frac{d}{\mu_{rz}} + e_{iso} \right) \tag{2.15}$$

Devant la complexité de ce problème, nous avons été amenés à recourir à une modélisation par éléments finis sur le logiciel Flux2D. A l'annexe C le modèle est expliqué en détail, dans cette section nous allons nous servir des résultats les plus concluants afin de justifier l'hypothèse de calcul.

Les figures 2.33 et 2.34 présentent la distribution de l'induction sur six tôles superposées avec et sans isolant à une induction globale de 0.5 T pour $GO_{35}90°$ et $GO_{35}60°$. On peut voir que, qualitativement, la présence de l'isolant n'a pas une très forte influence, la distribution de l'induction état presque égale avec et sans isolant pour les deux configurations.

Afin de quantifier l'influence de la présence l'isolant, nous avons profité du fait que lors de la modélisation nous avons imposé un flux global qui doit entrer par la partie gauche de la géométrie et sortir par la partie droite. L'induction moyenne $< b >$ d'entrée et de sortie de chaque tôle ainsi que le champ magnétique moyen $< h >$ sont calculés sur les extrémités droite et gauche de chacune des tôles modélisées pour $GO_{35}90°$. Si l'isolant a une influence importante l'échange de flux entre tôles devrait se faire plus difficilement, et les valeurs de $< b >$ et $< h >$ serait différentes. Le tableau 2.1 présente ces valeurs. On peut voir que la différence entre les résultats avec et sans isolant est très faible.

Compte tenu des résultats présentés précédemment nous avons opté de négliger les réluctances R_e, ce qui implique que les éléments composant chaque réluctance R_k seront excités par la même force magnéto motrice.

Les réluctances $R_{k,j}$ ont des propriétés magnétiques particulières représentées par les caractéristiques d'induction crête locale $\hat{b}_l$ en fonction du champ magnétique d'excitation local $\hat{h}_l$ qui dépendront de la direction prise par le flux dans chaque partie du circuit. Le fait d'utiliser les courbes expérimentales $\hat{b}_l(\hat{h}_l)$ permet de donner à chaque réluctance une perméabilité qui dépendra du niveau d'induction locale de celle-ci, c'est-à-dire de tenir

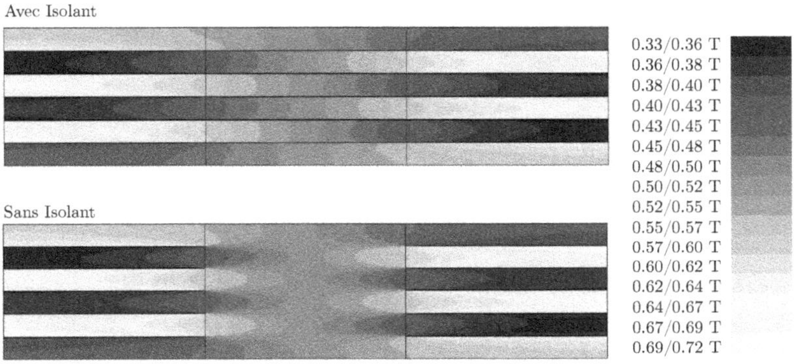

FIGURE 2.33 – Répartition de l'induction pour $GO^{T}_{35}90°$ à $\hat{b}_g = 0.5\,\mathrm{T}$.

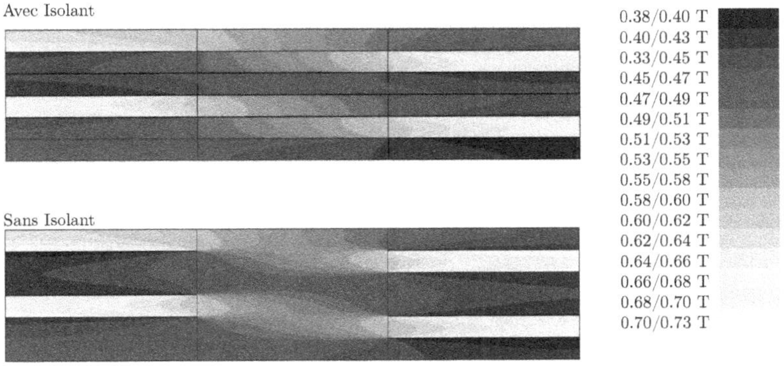

FIGURE 2.34 – Répartition de l'induction pour $GO_{35}60°$ à $\hat{b}_g = 0.5\,\mathrm{T}$.

compte de sa perméabilité différentielle.

Si l'on veut utiliser le circuit de réluctances connectées en série de la figure 2.30, il faut connaître la caractéristique $\hat{b}(\hat{h})$ équivalente pour chaque élément R_k. Ces éléments sont des empilements de tôles, qui auront le comportement d'un groupe de réluctances connectées en parallèle. Les caractéristiques $\hat{b}(\hat{h})$ en parallèle $\hat{b}_p(\hat{h}_p)$ sont déterminées en supposant que pour un $\hat{h}_p$ donné :

$$\begin{aligned}\hat{\Phi}(R_k) &= \sum_{i=1}^{n} \hat{\Phi}(R_{k,i}) \\ \hat{b}_p n s &= \sum_{i=1}^{n} \hat{b}_l(i) s \\ \hat{b}_p &= (1/n) \sum_{i=1}^{n} \hat{b}_l(i)\end{aligned} \tag{2.16}$$

où $\Phi(R_k)$ est le flux total dans l'élément R_k, $\Phi(R_{k,i})$ est le flux dans un élément $R_{k,j}$ correspondant à la tôle i et s est la section d'une tôle $R_{k,j}$. La caractéristique $\hat{b}_p(\hat{h}_p)$ est donc la moyenne des caractéristiques $\hat{b}_l/\hat{h}_l$.

Afin d'illustrer cette hypothèse, des essais au cadre Epstein ont été réalisés. Tout d'abord avec 6 tôles découpées selon $\alpha = 0°$ dans chaque bras, puis avec 6 tôles découpées suivant $\alpha = 55°$ et, finalement, dans chaque bras avec 3 tôles découpées selon $\alpha = 0°$ intercalées avec 3 tôles dans la direction $\alpha = 55°$. Ces assemblages sont présentés à la figure 2.35. Ces directions ont été choisies car il y en a une très perméable et l'autre qui l'est très peu.

La figure 2.36 (a) présente les relevés expérimentaux de $\hat{b}$ en fonction de $\hat{h}$ pour $\alpha = 0°$, pour $\alpha = 55°$ et pour l'assemblage mixte $\alpha = 0°$ et $55°$. La figure 2.36 (b) montre la comparaison entre la moyenne, calculée en utilisant l'équation 2.17 et les relevés expérimentaux. On peut voir la faible différence entre ces quantités.

$$\hat{b}_{0°//55°}(\hat{h}) = \frac{\hat{b}_{0°}(\hat{h}) + \hat{b}_{55°}(\hat{h})}{2} \tag{2.17}$$

Ainsi on peut déterminer les caractéristiques magnétiques d'un élément R_k si l'on connaît la direction de l'induction dans les tôles $R_{k,j}$ qui le composent.

Correction des caractéristiques locales Une problématique très importante se pose à cause de l'anisotropie du GO. Nous avons déterminé la façon dont α_{th} évolue avec θ (voir section 2.2 figures 2.4 et 2.5). Mais compte tenu du principe de minimisation de l'énergie, nous sommes obligés de corriger les caractéristiques $\hat{b}(\hat{h})$. En effet, le flux trouvera la direction la plus perméable dans chaque élément $R_{k,j}$ afin de réduire l'énergie dépensé lors de son parcours[18].

18. L'influence de l'anisotropie dans la direction du flux a été étudiée par plusieurs auteurs (Pfützner 1994), (Brissoneau 1997).

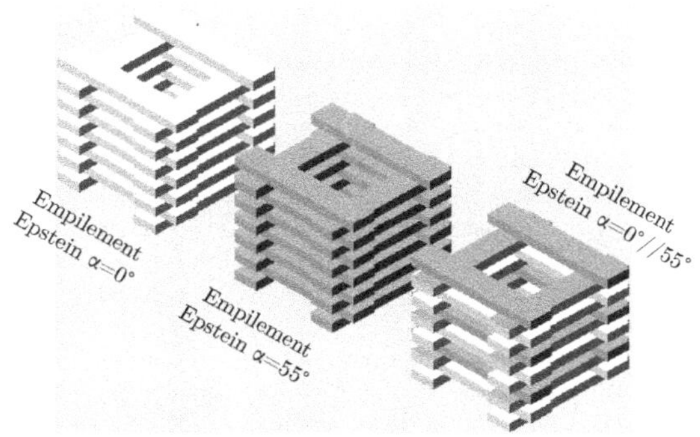

FIGURE 2.35 – Schéma des montages pour les essais faits au cadre Epstein.

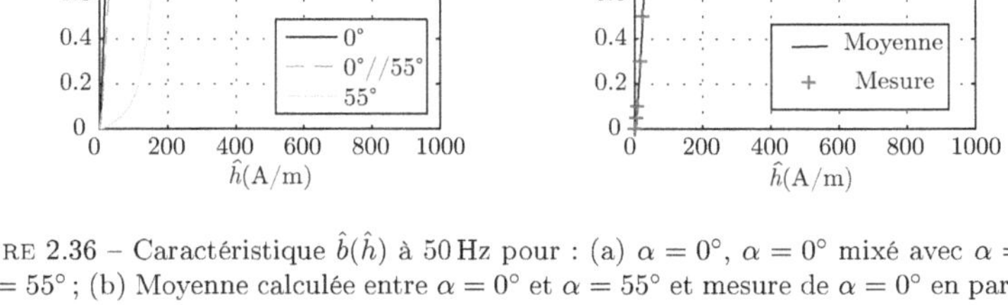

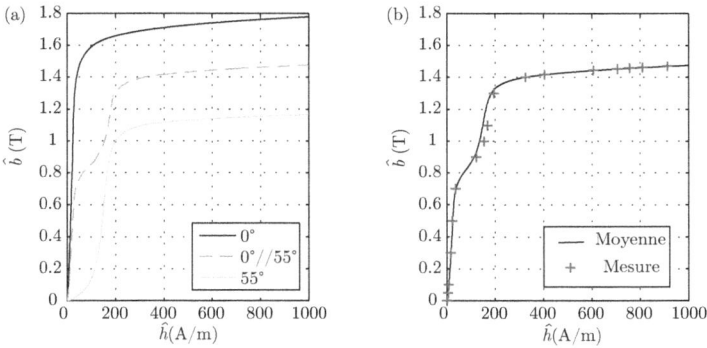

FIGURE 2.36 – Caractéristique $\hat{b}(\hat{h})$ à 50 Hz pour : (a) $\alpha = 0°$, $\alpha = 0°$ mixé avec $\alpha = 55°$ et $\alpha = 55°$; (b) Moyenne calculée entre $\alpha = 0°$ et $\alpha = 55°$ et mesure de $\alpha = 0°$ en parallèle avec $\alpha = 55°$.

Nous supposons que dans le couronnes statoriques $\vec{h}$ est imposé tangentiellement dans tous les éléments $R_{k,j}$. D'autre part, nous avons calculé la valeur de α_{th} pour chacun de ces éléments, mais l'anisotropie du GO nous empêche d'attribuer à chaque $R_{k,j}$ les caractéristiques $\hat{b}(\hat{h})$ supposant que $\alpha_{th} = \alpha$. Pour faire face à cette particularité, il nous faut estimer la direction locale de $\vec{b}$ afin d'attribuer au $R_{k,j}$ correspondant les bonnes caractéristiques $\hat{b}(\hat{h})$. Afin d'estimer la direction la plus probable qui sera prise par l'induction, la perméabilité de chaque élément $R_{k,j}$ est analysée utilisant la variable χ comme le montre la figure 2.37. En effet, χ sert de restriction au flux. Pour une valeur donnée de $\hat{h}_l$, la perméabilité des différentes directions α contenues dans χ est calculée en interpolant leurs surface de caractéristiques magnétiques (figure 2.38 (a)). Chaque direction α est excitée avec la projection correspondante du champ d'excitation $\vec{h}'_l$, on en déduit $\hat{b}_l$, puis la projection $\hat{b}'_l$. La direction qui induit la valeur la plus importante de $\hat{b}'_l$ pour un $\hat{h}_l$ donné est définie comme la plus perméable.

Ainsi, cette procédure est réalisée avec tous les éléments $R_{k,j}$ du circuit magnétique pour définir les caractéristiques des différentes réluctances. La figure 2.39 présente schématiquement χ dans les différents éléments composant le circuit magnétique.

Pertes fer locales Une fois la direction de $\vec{b}$ connue, il est possible de connaître les pertes massiques locales P_{ml} de chaque élément $R_{k,j}$. Nous utilisons les caractéristiques $P_m(\hat{b})$ relative à la valeur de α (section 1.3.2) correspondante dans chaque $R_{k,j}$.

Les caractéristiques sont interpolées (figure 2.38 (b) [19]) pour la valeur de α et de $\hat{b}_l$ déterminées. Ainsi, les pertes massiques locales P_{ml} de chaque $R_{k,j}$ sont estimées. Une fois P_{ml} estimé pour tout le circuit, la moyenne sur tous les éléments $\overline{P_{ml}}$ peut être calculée. Cette moyenne représente les pertes massiques totales de la structure P_m.

Calcul et détermination de la valeur de χ : Un problème se pose avec la valeur de χ, il est très difficile de la déterminer analytiquement car le flux sera restreint en réalité par des facteurs comme la saturation et la géométrie. En effet, la direction choisie dans χ doit être représentative de ce qui se passe dans l'élément $R_{k,j}$ et pourtant elle ne peut pas être déterminée d'une façon analytique.

Les calculs sont réalisés en imposant un flux Φ donné dans le circuit de la figure 2.30. Etant donné que l'on connaît les caractéristiques équivalentes $\hat{b}_p/\hat{h}_p$ de chaque élément R_k, on peut savoir, pour un $\hat{b}_g$ donné, la valeur de $\hat{b}_l$ et le correspondant $\hat{h}_l$ pour tout élément $R_{k,j}$. La moyenne de tous les $\hat{h}_p$ donne la valeur du champ magnétique d'excitation $\hat{h}_g$.

Le calcul de $\hat{b}_l$ et $\hat{h}_l$ est influencé par la valeur de χ. Il faut donc déterminer la bonne valeur de χ qui soit représentative de la réalité : plus χ sera important, plus le flux aura de choix pour rester sur un chemin perméable. Plus χ est faible, plus le flux sera contraint de suivre une trajectoire tangentielle qui n'est pas forcément la plus perméable. Afin de

19. Ces surfaces correspondent à l'interpolation des caractéristiques relevées à 50 Hz

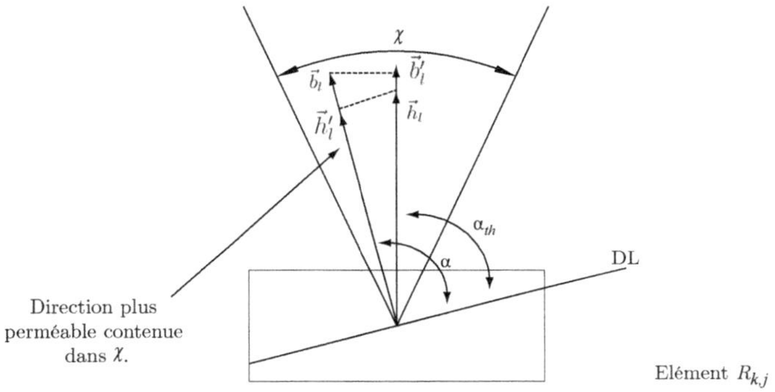

FIGURE 2.37 – Application de χ dans un élément $R_{k,j}$ donné.

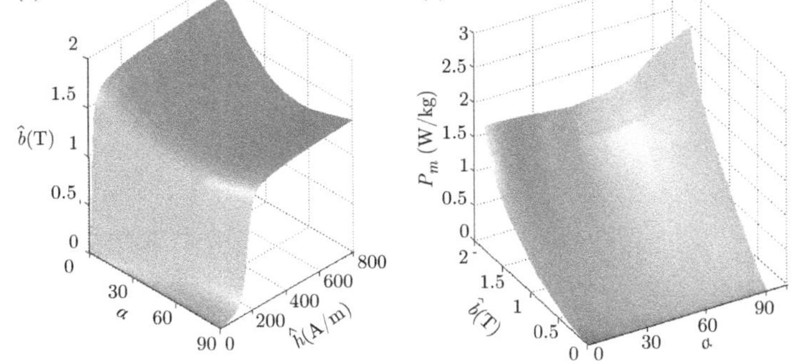

FIGURE 2.38 – Surface interpolée pour tout α : (a) Caractéristiques $\hat{b}(\hat{h})$; (b) Caractéristiques $P_m(\hat{b})$.

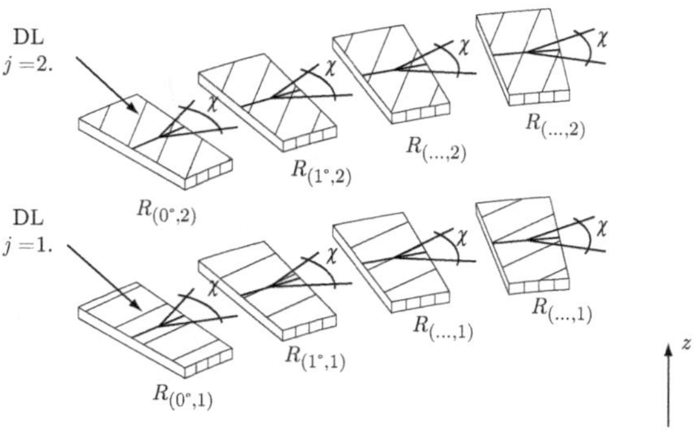

FIGURE 2.39 – Utilisation de χ dans les différents éléments composant le circuit magnétique.

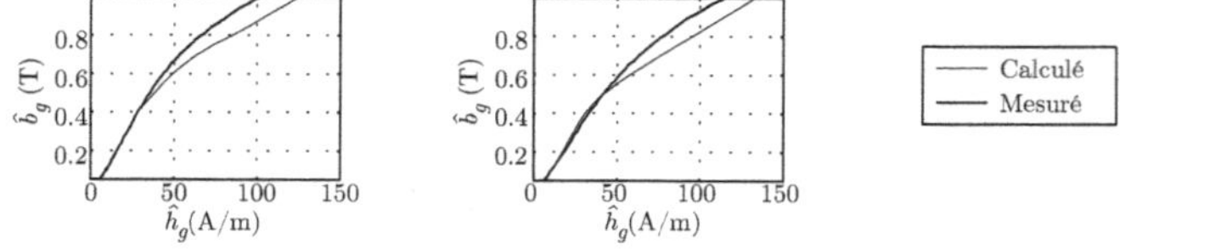

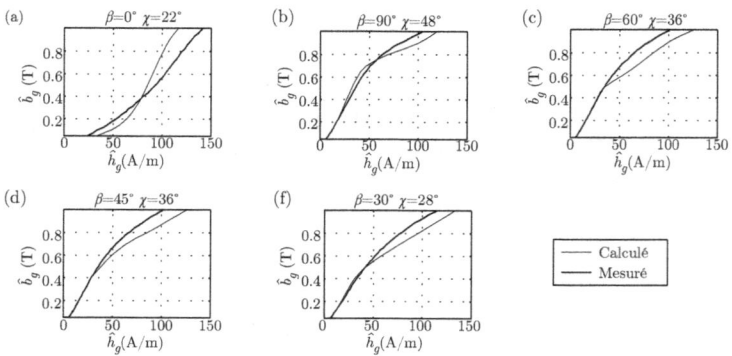

FIGURE 2.40 – Courbe $\hat{b}_g/\hat{h}_g$ pour : (a) $\beta = 0°$; (b) $\beta = 90°$; (c) $\beta = 60°$; (d) $\beta = 45°$; (f) $\beta = 30°$.

déterminer la bonne valeur de χ, $\hat{h}_g$ est calculé pour différentes valeurs de $\hat{b}_g$ et est comparé aux résultats expérimentaux. Ainsi, différentes valeurs de χ allant de 0° à 180° ont été testées et le calcul de leur correspondant $\hat{h}_g$ a été réalisé. La figure 2.40 présente les courbes $\hat{b}_g/\hat{h}_g$ mesurées et calculées avec les valeurs de χ qui font correspondre au mieux le calcul et la mesure, pour différents valeurs de β.

Avoir une valeur différente de χ pour chaque β étudié est en principe normal car cette variable représente, d'une part les effets de bord, d'autre part la déviation du flux par rapport à l'excitation et des effets de saturation locale. A la section 2.3.7, il a été montré que la saturation locale ne se passe pas de la même manière pour chaque β, ce qui explique le besoin d'utiliser des valeurs de χ différentes pour différentes valeurs de β.

Au niveau des pertes fer, en utilisant les valeurs de χ précédemment déterminées, les valeurs de $\hat{b}_l$ sont calculées pour chaque $R_{k,j}$. Comme on sait quelle direction prend l'induction dans chaque partie du circuit, les caractéristiques présentées à la figure 2.38 (b) sont interpolées et les pertes spécifiques locales pour chaque partie du circuit $P_l(R_{k,j})$ sont estimées.

2.4.2 Validation

Afin de savoir si le modèle est fidèle à la réalité, deux approches de validation ont été réalisées. Tout d'abord le comportement global est comparé aux mesures et ensuite les mesures locales sont comparées aux grandeurs locales prédites par le modèle. Ces deux approches sont nécessaires car le fait de pouvoir prédire le comportement global de la structure n'implique pas que, au niveau local, le modèle soit fidèle à la réalité.

Validation globale : La valeur moyenne de pertes massiques locales $\overline{P_{ml}}(\theta, z)$, sur tous les éléments $R_{k,j}$ est calculée. Celle-ci correspond aux pertes par kilo moyennes de la structure P_m. Ce calcul est comparé aux mesures réalisées sur les prototypes. La figure 2.41 présente la comparaison entre les P_m calculées et mesurées. On s'aperçoit que le modèle, même s'il surestime légèrement les pertes, en donne une bonne approximation. Grâce aux résultats présentés aux figures 2.40 et 2.41, on peut conclure que le modèle permet d'estimer correctement les phénomènes globaux de la structure.

Validation locale : A la section 2.3.7 ont été présentées des mesures de $\hat{b}_l$ réalisées pour $\beta = 60°$ et $\beta = 90°$ avec des bobines exploratrices. Le modèle a été utilisé pour le calcul de $\hat{b}_l$ aux endroits où les mesures ont été réalisées ; c'est-à-dire les éléments $R_{1,1}$ et $R_{1,2}$ pour $\beta = 90°$ et les éléments $R_{1,1}$, $R_{1,2}$ et $R_{1,3}$ pour $\beta = 60°$. La figure 2.42 présente les mesures comparées aux calculs. On peut voir que même si le modèle surestime légèrement l'induction des éléments étudiés, la tendance est la même que pour la mesure.

Tant pour le modèle comme pour la mesure il existe une saturation locale de l'élément $R_{1,1}$(tôle orientée dans la DL) pour $\beta = 60°$ à partir de $\hat{b}_g = 0.5\,\mathrm{T}$ environ, ce qui force les éléments $R_{1,2-3}$ à se magnétiser. Dans le cas de $GO_{35}90°$, on voit que, tant pour le modèle

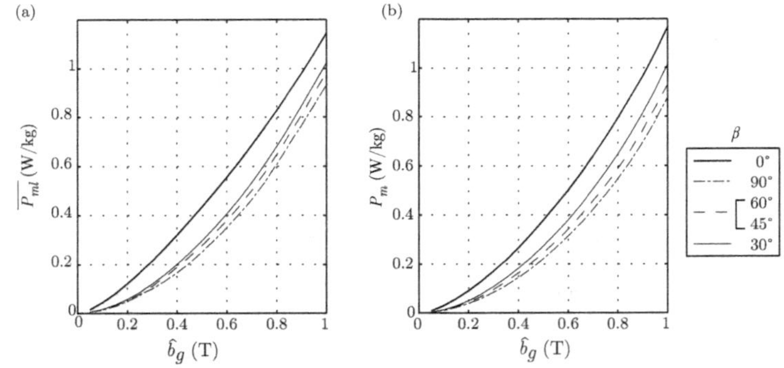

FIGURE 2.41 – Pertes globales $\overline{P_{ml}}$: (a) Calculé ; (b) Mesuré.

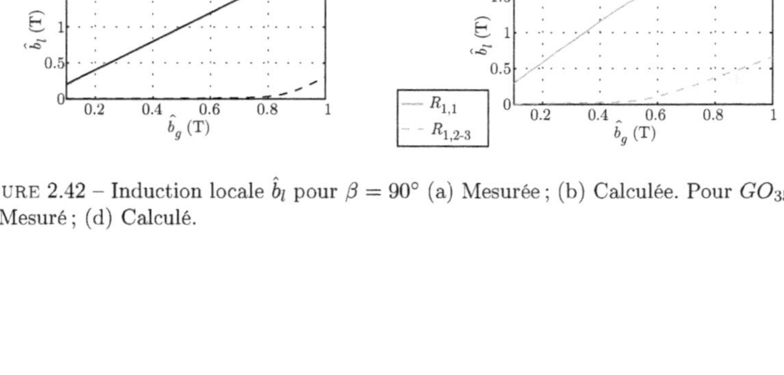

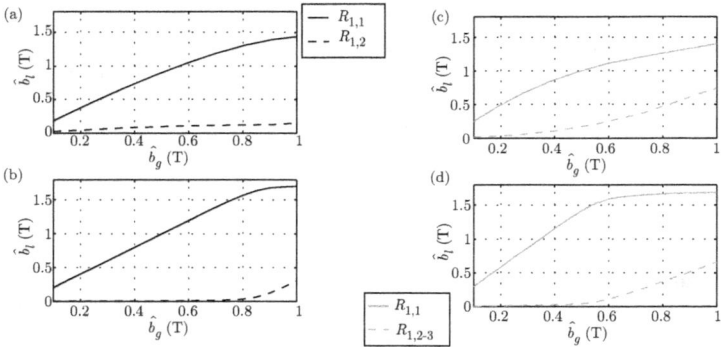

FIGURE 2.42 – Induction locale $\hat{b}_l$ pour $\beta = 90°$ (a) Mesurée ; (b) Calculée. Pour $GO_{35}60°$ (c) Mesuré ; (d) Calculé.

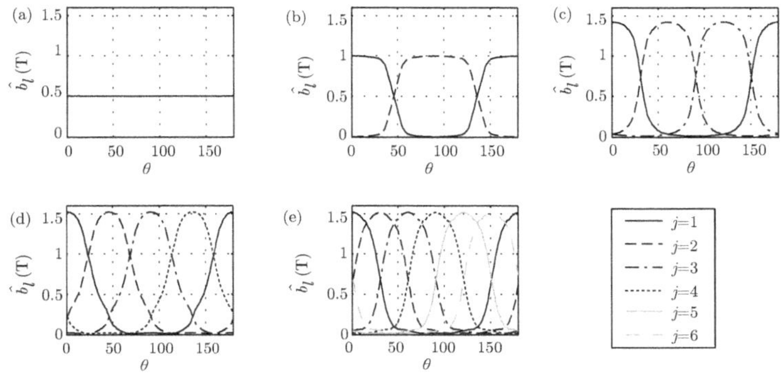

FIGURE 2.43 – Répartition locale de l'induction $\hat{b}_l$ pour : (a) $\beta = 00°$; (b) $\beta = 90°$; (c) $\beta = 60°$; (d) $\beta = 45°$; (e) $\beta = 30°$.

que pour la mesure l'élément $R_{1,2}$ (tôle orientée à $\alpha = 90°$) n'est magnétisé que pour des niveaux de $\hat{b}_g$ très élevés.

2.4.3 Résultats

Induction locale : Le modèle permet l'estimation de $\hat{b}_l$ pour tous les éléments $R_{k,j}$ des différents β étudiés. La figure 2.43 présente la distribution locale de $\hat{b}_l$ en fonction de θ pour $\hat{b}_g = 0.5\,\mathrm{T}$. On peut voir que pour atteindre cette valeur d'induction, $\beta = 45°$ et $\beta = 30°$ présentent des valeurs d'induction locale très élevées, de l'ordre de 1.5 T, suivis par $\beta = 60°$ qui présente des valeurs maximales de 1.4 T, et par $\beta = 90°$ avec 1 T.

D'autre part nous pouvons apprécier que pour $\beta = 90°$ le passage du flux d'une tôle à l'autre se fait pour $\theta = 45°$. Cette particularité a été confirmé expérimentalement sur des prototypes en forme de disque où le flux dans la direction normale à été mesuré (Hihat et al. 2010*b*). Elle est aussi confirmée par les résultats du modèle présentés à la figure 2.33 où le passage du flux a lieu au milieu de la géométrie, ce qui équivaut à $\theta = 45°$.

Pertes locales : La figure 2.44 présente l'évolution de P_{ml} avec θ pour les différentes tôles qui composent chaque prototype à $\hat{b}_g = 0.5\,\mathrm{T}$. La moyenne de P_{ml} sur z pour un θ donné est aussi présentée.

Il est intéressant de voir que la distribution de la moyenne de P_{ml} n'est pas homogène à l'intérieur de la structure, sauf pour $\beta = 60°$ qui présente presque le même niveau de pertes pour toute valeur de θ. On peut voir $\beta = 90°$ présente des pics de pertes à certains endroits du circuit (figure 2.44 (b) $\theta = 45°$ et $135°$). Cependant les faibles pertes présentes ailleurs ($\theta = 0°$, $90°$ et $180°$) font que, globalement, les pertes soient moins importantes par rapport aux autres valeurs de β (figure 2.41).

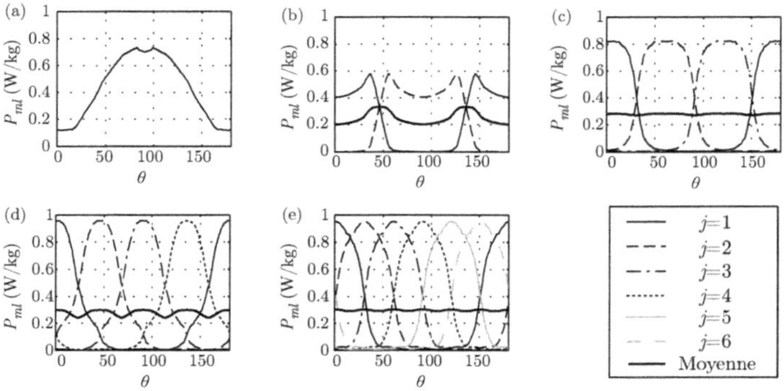

FIGURE 2.44 – P_{ml} en fonction de θ pour : (a) $\beta = 00°$; (b) $\beta = 90°$; (c) $\beta = 60°$; (d) $\beta = 45°$; (e) $\beta = 30°$.

Direction de $\vec{b_l}$: Le modèle est basé sur l'estimation de la direction prise par $\vec{b_l}$ dans chaque élément $R_{k,j}$. La figure 2.45 présente la direction des vecteurs d'induction locale $\vec{b_l}$ pour $\beta = 60°$ et $\beta = 90°$ à $\hat{b}_g = 0.5\,\mathrm{T}$. On peut voir que la direction est tangentielle seulement pour les valeurs de θ où une des tôles est orientée vers la D.L. Dans les autres cas, le flux essaie de rester dans une direction proche de la DL.

2.4.4 Conclusion sur la modélisation

Les phénomènes internes de la structure décalée ont été analysés, montrant comment cette structure permet au flux magnétique de trouver les zones de haute perméabilité dans tout le circuit magnétique. Ces directions canalisent le flux, ce qui mène à une réduction des niveaux locaux d'induction dans les zones qui présentent des caractéristiques magnétiques moins bonnes et, par conséquent, une réduction des pertes fer. La figure 2.46 présente d'une façon schématique les différentes zones de perméabilité présentes pour trois valeurs différentes de β. On peut voir que pour $\beta = 90°$, dans certaines parties du circuit, il existe des zones où la proportion de tôles à haute perméabilité est de 1/2 ($\theta = 0°$, 90° et 180°). A ces endroits, nous avons aperçu des faibles pertes locales (figure 2.44 (b)) dues à des faibles valeurs d'induction locales (figure 2.43 (b)). Il existe aussi d'autres zones où la perméabilité est basse ($\theta = 45°$ et 135°). Dans ces zones, il y a des pertes plus importantes (figure 2.44 (b)). Au niveau global, nous avons vu que pour $\beta = 90°$ les zones de haute et basse perméabilités se compensent et mènent à des pertes globales moins importantes.

Il faut noter que l'induction est imposée par le bobinage de façon verticale à chaque endroit du circuit (figure 2.46), donc le flux est établie sur la hauteur du circuit en profitant des zones de haute perméabilité. Pour $\beta = 60°$, dans les endroits où il y a des zones de haute perméabilité ($\theta = 0°$, 60°, 120° et 180°), la proportion de celles-ci est moins impor-

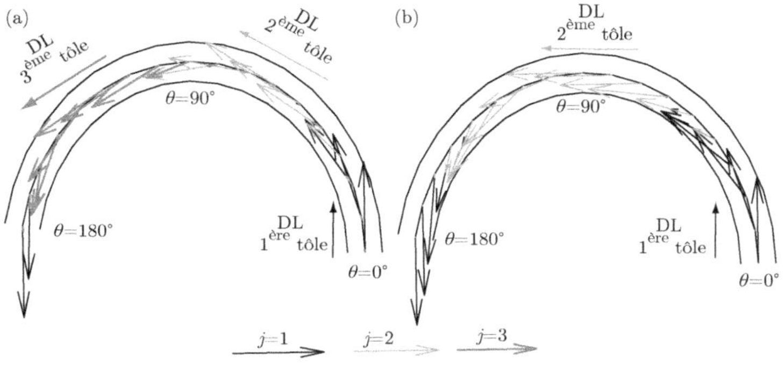

FIGURE 2.45 – Direction de $\vec{b}_l$ pour : (a) $\beta = 60°$; (b) $\beta = 90°$.

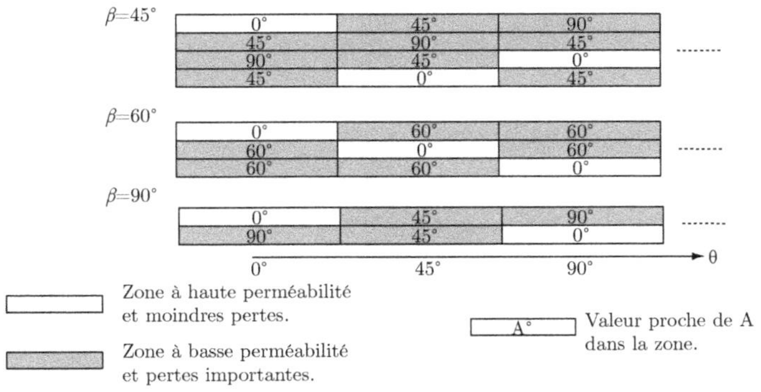

FIGURE 2.46 – Perméabilité et pertes par zone.

tante que pour $\beta = 90°$, cette proportion est de 1/3. Ceci mène à des niveaux d'induction locale plus importants que dans le cas de $\beta = 90°$ (figure 2.43 c). Dans le cas de $GO_{35}45°$ il y a une zone de haute perméabilité présente pour toute valeur de θ, l'inconvénient étant que leur proportion est de 1/4. Quand l'angle de décalage est de 90°, il y a des zones où la moitié des tôles est bien orientée, tandis que si $\beta \neq 90°$ moins de la moitié l'est. Une proportion moins importante de tôles bien orientées mène à des niveaux d'induction plus importants dans les tôles mal orientées engendrant ainsi plus de pertes.

Le modèle présenté dans cette section est valable grâce à la faible différence entre le diamètre intérieur et extérieur des prototypes testés. En effet, si l'on utilise des prototypes ayant un diamètre intérieur beaucoup plus petit par rapport au diamètre extérieur, la complexité du modèle serait plus importante (Hihat et al. 2010*b*). Ce modèle demeure une approche rudimentaire, cependant une technique d'homogénéisation qui permet de modéliser des structures avec plusieurs directions d'anisotropie superposées est un des sujets d'étude du laboratoire (Hihat et al. 2009). Cette technique, quand elle sera mise au point, pourra être utilisée pour la modélisation de la structure GO décalée.

3

Champ tournant - Application aux moteurs statiques

Dans le chapitre précédent, la structure décalée soumise à un champ unidirectionnel a été présentée, testée et analysée à l'aide d'un modèle numérique discret. Cette étude, a permis de comprendre comment le circuit magnétique réagit et comment le flux se repartit dans l'empilement de tôles. Cette analyse a conduit à définir un angle de décalage des DL pour lequel les performances sont optimales. Cependant, cette étude a été réalisée en champ unidirectionnel et dans les moteurs électriques, le circuit magnétique est soumis à un champ tournant. Des expérimentations en champ tournant sont présentées dans cette section mettant en œuvre des prototypes appelés "Moteurs statiques" qui s'apparentent à une machine asynchrone avec rotor bloqué.

L'exploitation de telles structures se justifie par le fait que la réalisation de machines tournantes mettant en œuvre des circuits magnétiques avec des tôles GO décalées prend beaucoup de temps. Afin de pouvoir avancer au niveau de nos investigations, nous avons donc conçu ces maquettes que nous pouvions réaliser nous mêmes. Un autre avantage concerne les expérimentations effectuées sur ces moteurs statiques qui ont été réalisés pour différents décalages de la DL. Ces essais ont permis de cerner et ainsi limiter les décalages possibles qui ont été mis en œuvre lors de la réalisation des machines tournantes.

3.1 Utilisation de l'acier GO en champ tournant

Dans la littérature (Brissoneau 1997) on trouve la définition d'une aimantation en champ tournant circulaire comme celle produite par un champ d'excitation h qui impose une polarisation magnétique à deux composantes perpendiculaires j_x et j_y, dans l'échantillon de tôle suivant la relation :

$$j_x = \hat{j}\cos(\omega t)$$
$$j_y = \hat{j}\sin(\omega t)$$

où $\hat{j}$ est le module de la polarisation, et ω sa vitesse angulaire de rotation constante. Ces composantes de polarisation engendrent des pertes qui ont un comportement particulier.

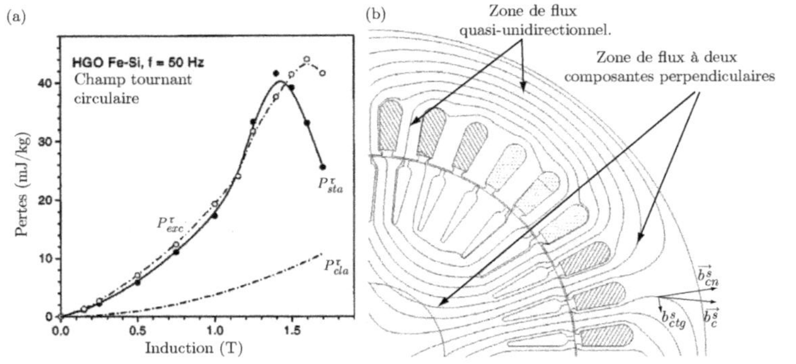

FIGURE 3.1 – (a) Séparation des pertes en champ tournant ; (b) Distribution du flux magnétique dans une machine asynchrone à 4 pôles.

3.1.1 Pertes en champ tournant

La figure 3.1 (a) [20] présente la séparation des différentes pertes fer pour un échantillon de HGO Fe-Si excité à 50 Hz en champ tournant circulaire. On y voit apparaitre les pertes par excès P^{τ}_{exc}, les pertes statiques P^{τ}_{sta} et les pertes classiques P^{τ}_{cla}. L'indice supérieur τ précise que l'excitation est rotationnelle. On note que P^{τ}_{sta} et P^{τ}_{exc} augmentent avec l'induction et finissent par chuter à zéro lorsque le matériau est saturé (Dupré & Fiorillo 2000). Ce comportement est aussi présent dans le cas des matériaux isotropes. Si l'on compare les pertes fer en champ tournant à celles présentes en champ unidirectionnel, celles-ci seront presque deux fois plus importantes pour les inductions faibles, tandis que pour des inductions élevées, elles s'approchent de celles présentes en champ unidirectionnel, pour finalement, à très haute induction être moins importantes. La présence de plus de pertes en champ tournant, comparées à celle du champ unidirectionnel, peut s'expliquer par la présence de deux types courants induits dans le fer dus aux deux composantes normale et tangentielle de l'induction (Brissoneau 1997) (Moses 1989). Par conséquent, si l'on ne considère que les ondes d'induction fondamentales, on peut considérer que dans l'entrefer n'apparait qu'un champ tournant normal alors que les culasses sont siège de deux champs tournants qui évoluent en quadrature.

Dans les machines tournantes l'induction dans le fer a deux composantes, une radiale b^s_{cn}, appelé normale, et une tangentielle b^s_{ctg}. Ces composantes peuvent induire des pertes en champ alternatif unidirectionnel dans la culasse aux endroits où l'induction est seulement tangentielle, et dans les dents, où l'induction est quasiment normale. Des pertes en champ tournant ont lieu aux racines des dents, dans le rotor et dans certaines portions de la culasse où les deux composantes de l'induction sont présentes (Figure 3.1 (b)) (Findlay & Stranges 1994), (Bertotti & Boglietti 1991) (Moses 1989). D'autre part, des pertes à haute fréquence apparaissent à cause de l'effet de denture, qui crée des ondes d'induction à haute fréquence dans l'entrefer (Brudny 1997). Etant donné que les composantes normale

20. Figures tirées de (a) (Dupré & Fiorillo 2000) et (b) (Tenhunen & Holopainen 2003)

et tangentielle n'ont pas la même amplitude, ces pertes ne sont pas, de manière générale, dues à un champ tournant circulaire, mais à des champs elliptiques. Il a été estimé que 55% des pertes fer présentes dans une machine à induction sont dues aux effets du champ tournant (Moses 1990), (Nencib 1992).

3.1.2 Structure décalée en champ tournant

Au chapitre 2 le comportement de la structure décalée a été étudié en champ unidirectionnel. Nous avons vu que le flux a tendance à se concentrer dans les tôles de haute perméabilité, et que grâce à la périodicité spatiale de $\beta = 90°$, la structure est optimisée. Ce phénomène se produit à certains endroits du circuit, conduisant à une réduction des pertes dans ces zones (section 2.4, figure 2.44). Une répartition du flux similaire aura lieu dans une machine tournante dans les zones où le flux est unidirectionnel (figure 3.1 (b)).

Dans le cas du décalage $\beta = 90°$, pour une période spatiale, nous avons déterminé comment l'angle entre la Direction Tangentielle DT et la DL évolue dans un circuit torique (figure 3.2 (a)). Nous pouvons diviser le circuit en deux types de zones ; l'un où la DL est superposée à la direction transverse appelé "zone 1" et l'autre où des directions proches à $\alpha_{th} = 45°$ sont superposées (figure 3.2 (b)). La Direction Normale DN évolue d'une façon similaire ($\alpha_{th} + 90°$). La figure 3.3 présente deux dents (périodicité spatiale de 2 tôles) d'une machine asynchrone et leurs parties correspondantes de culasse. La première dent correspond à la "zone 1" et l'autre à la "zone 2". Nous avons vu à la section 2.4 comment les zones de haute perméabilité comme celles présentes dans les "zones 1" conviennent à la structure car elles canalisent la plupart du flux. A priori, nous pouvons supposer que lorsque le flux sera unidirectionnel dans les "zones 1" les pertes seront moindres et la répartition du flux sera proche de celle que l'on a présentée à la section 2.3.7. D'autre part, les "zones 2", soumises à un champ unidirectionnel, présenteront probablement plus de pertes comme il a été présenté à la section 2.4 figure 2.44. Cet exemple concerne $\beta = 90°$ mais il peut s'appliquer aux autre décalages.

Cependant en champ tournant, l'anisotropie du GO présente une particularité. Une différence de perméabilité en fonction de la direction, implique une différence de réluctance du circuit magnétique en fonction de l'endroit du circuit. Plus le champ tournant s'approche des direction de difficile aimantation, plus le champ h nécessaire devra être fort (Baumgartinger & Pfützner 2000). Ce phénomène ne se présente pas dans le cas d'un matériau isotrope (Moses 1973), où l'intensité nécessaire de h est quasiment homogène. Cette particularité implique que dans le cas de notre structure anisotrope décalée, dans les zones où il y a deux composantes perpendiculaires du champ magnétique la répartition du flux sera très complexe, compte tenue de l'anisotropie. A priori, nous pouvons supposer que grâce au principe de la minimisation de l'énergie le flux trouvera le chemin optimale dans la structure, tout en profitant de directions de haute perméabilité. Une telle complexité nous oblige à mettre en œuvre des prototypes similaires aux machines tournantes afin de tester l'impact qu'une excitation en champ tournant peut avoir sur la structure décalée GO.

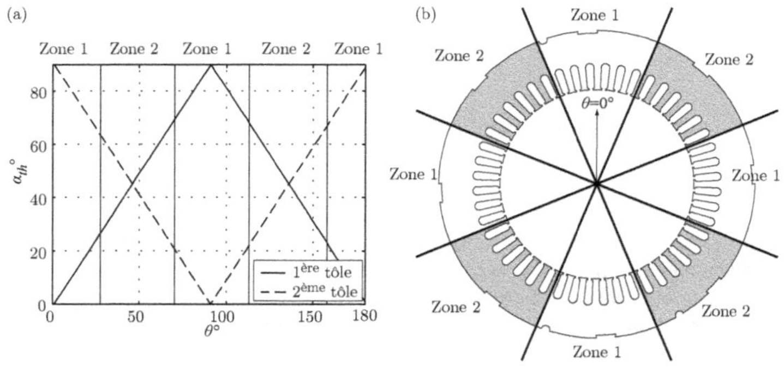

FIGURE 3.2 – (a) Angle entre la DT et la DL ($\beta = 90°$) ; (b) Division par zones d'une culasse statorique.

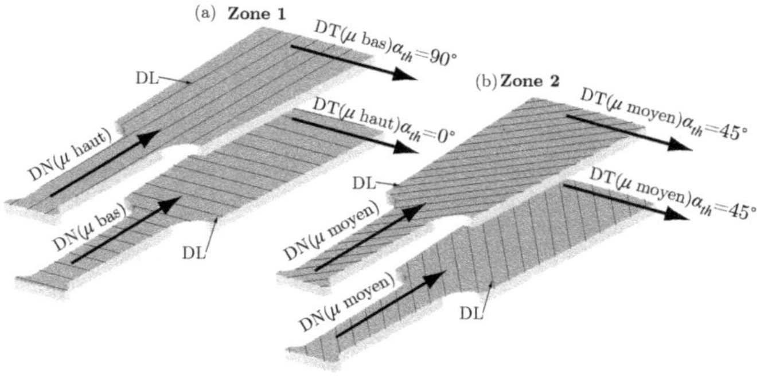

FIGURE 3.3 – DN et DT dans les zones 1 (a) et 2 (b).

3.2 Géométrie et assemblage

Ces machines statiques sont constituées de tôles similaires à celles d'une machine asynchrone. Dans les encoches statoriques, un bobinage triphasé est placé ; le rotor n'est pas bobiné. Afin d'avoir une bonne précision de découpe ($\pm 10\,\mu$m), les tôles utilisées ont été découpées au laser Yag. Comme celui-ci crée des contraintes thermiques nocives pour les performances magnétiques (Belhadj et al. 2003), les tôles GO ont été recuites, ce qui est couramment réalisé pour réduire les effets du stress mécanique dans les aciers magnétiques (Beckley 2002).

Afin de donner à la structure une bonne tenue mécanique et que l'entrefer de 0.5 mm soit régulier, des liaisons de 2 mm de largeur fixent la tôle rotorique au stator. Ces liaisons, au nombre de trois, sont décalées spatialement de $2\pi/3$ comme le montre la figure 3.4 [21] qui présente également les dimensions caractéristiques de ces tôles. Cette géométrie avait été validée à l'aide d'un modèle numérique qui a permis de conclure que la présence des liaisons n'a pas d'influence notable sur les principaux résultats que nous allons présenter. Cette particularité sera justifiée par la suite à l'aide de l'analyse harmonique des signaux mesurés.

Les tôles ont été assemblées suivant le principe de décalage présenté, comme le fait apparaitre la figure 3.5 où on voit que la direction de laminage du stator comme celle du rotor est décalée d'une couche à la suivante d'un angle constant β. Les maquettes ont une hauteur de fer l_{fer} de 8 cm, les tôles sont serrées à l'aide de deux plaques de bois massif et de quatre tiges filetées, comme le montre la figure 3.6. Ceci permet la réduction des entrefers pour le passage du flux d'une tôle à l'autre. Elles portent au stator un bobinage triphasé à $p = 2$ paires de pôles, 36 encoches, 3 encoches par pôle et par phase et $n^s = 5$ conducteurs par encoche. Ce bobinage sera qualifié de bobinage statorique. Un bobinage auxiliaire similaire au bobinage statorique a été mis en place dans les mêmes encoches. Celui-ci a été réalisé avec un fil plus fin et avec un seul conducteur par encoche ($n^a = 1$). Ce bobinage auxiliaire permet d'estimer l'induction crête dans l'entrefer en y mesurant la f.e.m. induite ce qui permet de s'affranchir de la chute de tension dans la résistance et l'inductance de fuite du bobinage statorique. Le bobinage a été très difficile à réaliser car le rotor est relié mécaniquement au stator. Le fil utilisé pour l'enroulement statorique a une section de 2.5 mm^2 et une isolation plastique qui permet de réduire l'endommagement du fil lors du bobinage. La figure 3.7 donne le schéma du bobinage statorique. Eq correspond à l'entrée de la phase q et Sq la sortie. Précisons que nos expérimentations sont réalisées en couplant en étoile les bobinages statoriques et auxiliaire.

3.3 Procédure de calcul

3.3.1 Estimation de l'induction crête dans l'entrefer

L'induction crête dans l'entrefer $\hat{b}_e$ est un paramètre très important dans la conception des machines tournantes, sa valeur dans les machines du commerce oscille entre 0.6 T et 0.9 T. Cette grandeur est prise comme paramètre de référence pour les différents prototypes testés. Pour la calculer, la f.e.m simple e_a induite aux bornes du bobinage auxiliaire

21. Pour les plans détaillés, voir annexe B, page 134 et 135.

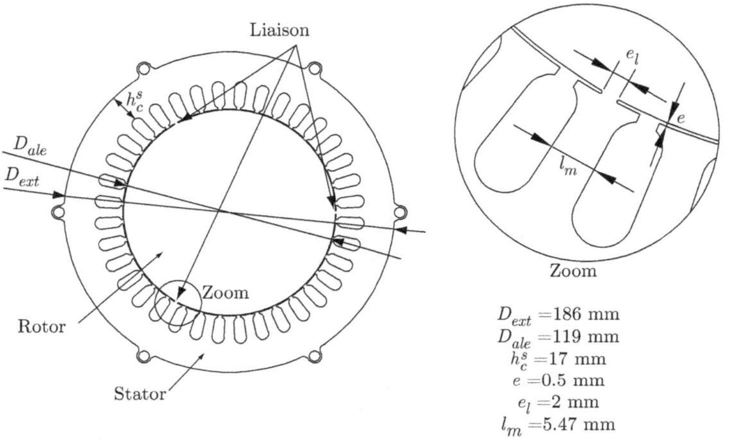

FIGURE 3.4 – Géométrie des tôles découpées

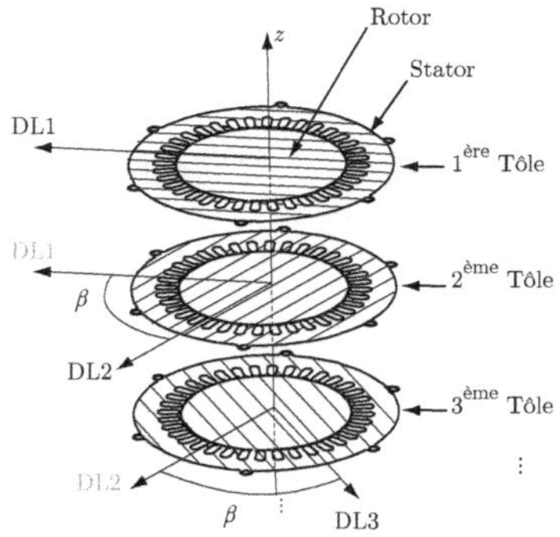

FIGURE 3.5 – Assemblage des tôles.

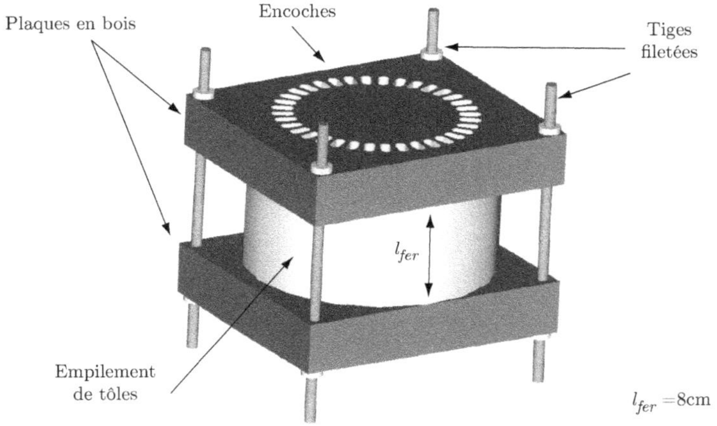

FIGURE 3.6 – Principe d'assemblage des maquettes.

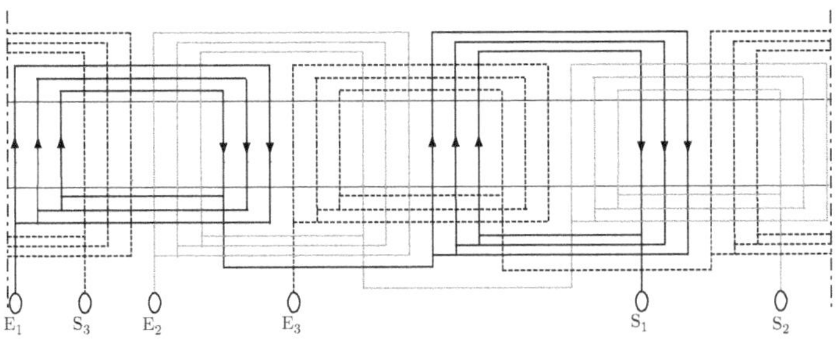

FIGURE 3.7 – Schéma bobinage statorique

a été utilisée. Le calcul est fait avec l'équation 3.1. Etant donné que b_e peut être exprimé comme : $b_e = \hat{b}_e \cos(\omega t - p\theta^s - \delta^s)$, le flux embrassé par le bobinage de la phase q du bobinage auxiliaire s'écrit :

$$\psi_{aq} = 3n^a p k^a R_{ale} l_{fer} \hat{b}_e \int_{\frac{-\pi}{2q} - \frac{2\pi}{3p}(q-1)}^{\frac{\pi}{2q} + \frac{2\pi}{3p}(q-1)} \cos(\omega t - p\theta^s - \delta^s) d\theta^s$$

où $R_{ale} = 0.06\,\mathrm{m}$ est le rayon d'alésage, ω la fréquence angulaire de l'excitation, θ^s l'angle polaire de référence par rapport à l'axe de la phase 1, δ^s la phase qui dépend de l'origine de temps et $k^a = 0.96$ le coefficient de bobinage auxiliaire ; Comme $e_a = -\frac{d\psi_{aq}}{dt}$ on en déduit que :

$$\hat{b}_e = \frac{\sqrt{2} E_a}{2n^a k^a R_{ale} l_{fer} \omega} \tag{3.1}$$

où E_a représente la valeur efficace de la f.e.m simple induite dans le bobinage auxiliaire.

3.3.2 Pertes fer

Le comportement de ces prototypes, alimentés avec une source triphasé sinusoïdale équilibrée de tensions, peut être étudié, pour le fondamental, avec le circuit équivalent monophasé d'une machine asynchrone (figure 3.8). En effet, cette structure est comparable à un moteur avec rotor calé (glissement $s = 1$). Dans ce cas, la résistance rotorique r'_r est celle qui limite les courants induits dans les tôles rotoriques. Etant donné que $s = 1$, toute la puissance dissipée par r'_r représente les pertes fer rotoriques (puissance mécanique nulle).

- l_s et r_s sont l'inductance de fuites et la résistance statoriques.
- L^{τ}_{μ} correspond à l'inductance magnétisante.
- R^{τ}_{μ} est la résistance qui caractérise les pertes fer statoriques.
- l'_r et r'_r sont l'inductance de fuites et la résistance rotoriques ramenées au stator.
- r_a et l_a correspondent à la résistance et à l'inductance de fuites du bobinage auxiliaire.
- i_s, i^{τ}_{μ}, $i^{\tau}_{\mu a}$, $i^{\tau}_{\mu r}$ sont respectivement le courant total statorique, magnétisant, magnétisant actif et magnétisant réactif.
- e_{μ} f.e.m interne.

Notons que dans ce cas, l'absence de rotation du rotor ($s = 1$), se traduit par des pertes HF dues à l'effet de denture pratiquement nulles (voir chapitre 4). Les pertes fer totales P^{τ}_{fer} correspondent aux puissances actives dissipées par R^{τ}_{μ} et r'_r, donc P^{τ}_{fer} résulte de la valeur moyenne du produit entre le courant statorique i_s et la f.e.m e_{μ}, cette quantité est notée $\langle i_s e_{\mu} \rangle$. Ainsi P^{τ}_{fer} peut être exprimé comme $P^{\tau}_{fer} = 3\langle m i_s e_a \rangle$, où m est le rapport des nombres de spires n^s/n^a (5/1)(le coefficient de bobinage est le même pour les deux bobinages, c'est pourquoi il n'apparaît pas dans la définition de m). Les mesures ont été réalisées avec un wattmètre de précision *Yokogawa WT230*.

Les prototypes testés en champ tournant seront notés $Nuance^{\tau}_{d}\beta^{\circ}$, où *Nuance* correspond au type d'acier : *GO*, *HGO* ou *NO*[22]. d est l'épaisseur des tôles utilisées en centième

22. Voir tableau 1.4 pour les caractéristiques correspondantes.

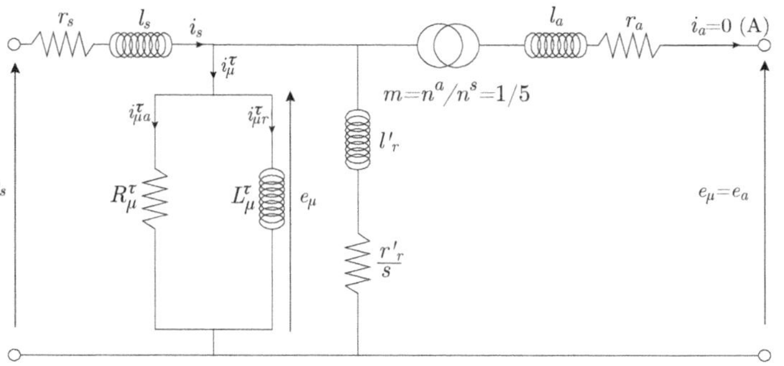

FIGURE 3.8 – Circuit équivalent monophasé utilisé pour les calculs.

de millimètre et β est l'angle de décalage.

3.3.3 Calcul du NO_{35} hypothétique

Comme précédemment, les valeurs mesurées utilisant les prototypes fabriqués avec du GO_{35} sont comparées avec celles mettant en œuvre du NO_{50}. Il est bien connu qu'il existe une influence de l'épaisseur des tôles sur les pertes fer, notamment sur les pertes dynamiques et par excès (section 1.3). Donc, afin de connaître les pertes produites par un NO épais de 0.35 mm en champ tournant, un modèle simplifié des pertes en fonction de l'épaisseur est proposé. Celui-ci diffère de celui présenté à la section 2.3.6 car, dans le contexte actuel, il est difficile de séparer les pertes classiques des pertes par excès. De plus, pour utiliser le modèle de la section 2.3.6, il est nécessaire de connaître les pertes statiques et il est très difficile d'exciter à basse fréquence en sinusoïdal triphasé. En outre, en champ tournant, les pertes statiques résultent de l'hystérésis tournante que conduit à un comportement assez particulier (section 3.1.1).

On part d'une hypothèse largement utilisée dans la modélisation des pertes fer dans les machines tournantes (Ionel et al. 2007), (Seo et al. 2009), (Bertotti & Boglietti 1991). On ne tient compte que de deux types de pertes par cycle : p_{sta}^τ statiques et p_{dyn}^τ. Ce dernier terme réunit les pertes classiques et les pertes par excès car les pertes par excès sont très difficiles à estimer dans ce contexte. De plus, p_{dyn}^τ est supposé proportionnel au carré de l'épaisseur des tôles comme dans le modèle classique (équation 1.4). Les équations 3.2 et 3.3 définissent les pertes par cycle totales p_{fer}^τ.

$$p_{fer}^\tau = p_{sta}^\tau + p_{dyn}^\tau \qquad (J) \tag{3.2}$$

$$p_{fer}^\tau = k_0 + k_1 f \qquad (J) \tag{3.3}$$

Nous avons montré par des moyens expérimentaux que les pertes statiques, en champ unidirectionnel, sont indépendantes de l'épaisseur des tôles pour le NO_{50} et le NO_{35} (section 1.3.2). Cependant, dans le contexte considéré l'excitation est réalisée en champ tournant et il convient de vérifier, compte tenu de notre remarque précédente, que cette propriété reste satisfaite dans ce cas. Des essais à différentes fréquences avec le $HGO_{30}^\tau 90°$ et $HGO_{23}^\tau 90°$ on été réalisés. La validation est basée sur l'utilisation des résultats des essais du $HGO_{23}^\tau 90°$ pour déduire ceux du $HGO_{30}^\tau 90°$. Les essais sont réalisés mettant en œuvre un générateur synchrone entraîné par une machine à courant continu. Ce type de manipulation permet d'avoir une tension triphasée sinusoïdale à fréquence et amplitude réglables, ce qui n'est pas le cas d'un variateur de vitesse traditionnel, qui impose le rapport entre la tension et la fréquence et introduit des effets de haute fréquence. Cependant, la plage de fréquences de travail restant limitée, les essais ont été réalisés pour des fréquences comprises entre 20 Hz et 55 Hz avec pour paramètre $\hat{b}_e$. Nous avons utilisé les prototypes $HGO_{30}^\tau 90°$ et $HGO_{23}^\tau 90°$ car nous ne disposions que d'un seul prototype fabriqué en NO, le NO_{50}^τ, ce qui nous empêchait de mettre en œuvre cette procédure avec ce type d'acier.

La figure 3.9 (a) présente les pertes par cycle pour $HGO_{23}^\tau 90°$ où p_{sta}^τ est l'extrapolation des pertes pour une fréquence égale à zéro (équation 3.3). De même, p_{sta}^τ est estimé pour $HGO_{30}^\tau 90°$ (figure 3.9 (b)). La figure 3.9 (c) montre p_{sta}^τ pour les deux prototypes (les 2 courbes sont confondues) où l'on peut voir que l'hypothèse de l'indépendance de p_{sta}^τ vis-à-vis de l'épaisseur est aussi valable sous une excitation en champ tournant. On enlève p_{sta}^τ de p_{fer}^τ pour retrouver p_{dyn}^τ (figures 3.10 (a) et (b)), ensuite on multiplie les $p_{dyn}^\tau(HGO_{23}^\tau 90°)$ par le carré du rapport d'épaisseur de tôles $(0.30/0.23)^2$. Les p_{dyn}^τ calculées sont ensuite sommées avec les p_{sta}^τ (figure 3.9 (c)) pour retrouver les pertes par cycle $HGO_{30}^\tau 90°$ calculées à partir du $HGO_{23}^\tau 90°$ notée $p_{fer}^\tau(HGO_{23\to30}^\tau 90°)$. La figure 3.10 (c) présente les quantités $p_{fer}^\tau(HGO_{30}^\tau 90°)$ mesurées et calculées. On constate que la méthode permet d'estimer les pertes fer pour une autre épaisseur est, en première approximation valable. Elle sera donc utilisée pour le calcul du NO_{35}^τ hypothétique partant des mesures du NO_{50}^τ.

3.3.4   Vérification du contenu harmonique

La présence des liaisons entre stator et rotor (figure 3.4) perturbe la distribution spatiale de l'onde d'induction d'entrefer b_e. Afin de quantifier leur influence sur les mesures réalisées, les spectres harmoniques du courant statorique i_s et de la f.e.m composée induite dans l'enroulement auxiliaire notée $e_{aq-(q+1)}$ ont été analysés (figure 3.11). Le calcul du Taux de Distorsion Harmonique (TDH) a été effectué avec l'équation 3.4, lorsque le stator est alimenté avec une source triphasée de tension V_s variable à fréquence fixe de 50 Hz.

$$TDH = \frac{\sqrt{RMS_{total}^2 - RMS_{fundamental}^2}}{RMS_{fundamental}} \times 100\% \qquad (3.4)$$

La figure 3.12 présente le TDH de i_s et de $e_{aq-(q+1)}$ en fonction de V_s et $\hat{b}_e$, relevé lors des essais réalisés avec une maquette construite avec du $HGO_{30}^\tau 90°$. Ces deux grandeurs sont impliquées dans la mesure des pertes fer P_{fer}^τ. On constate que leur TDH est très faible (moins de 0.6% pour des faibles valeurs de V_s et moins de 0.1% pour $V_s >11$ V), il est donc

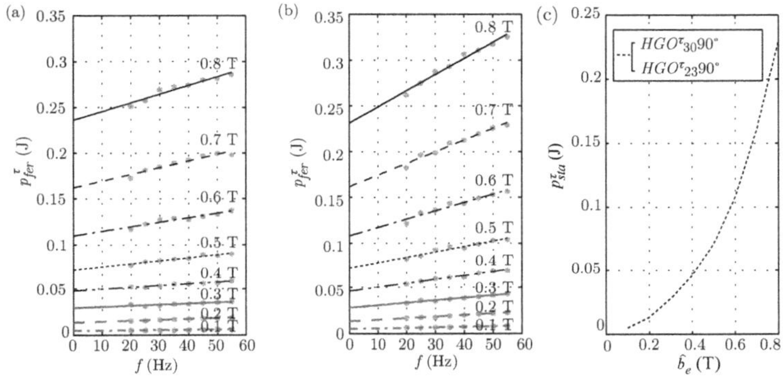

FIGURE 3.9 – Pertes fer par cycle p^{τ}_{fer} pour : (a) $HGO^{\tau}_{23}90°$; (b) $HGO^{\tau}_{30}90°$; (c) Pertes statiques $HGO^{\tau}_{23}90°$ et $HGO^{\tau}_{30}90°$.

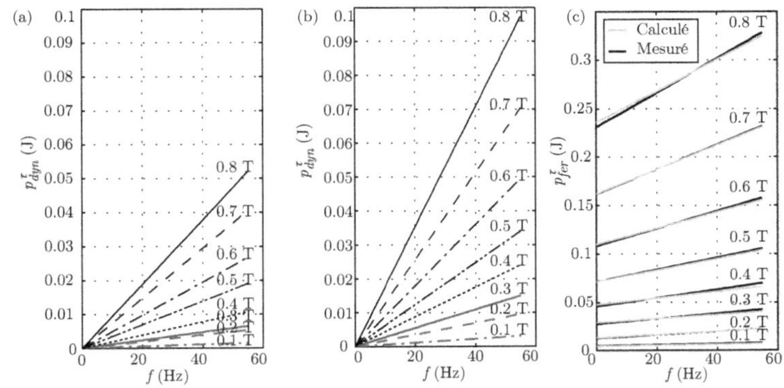

FIGURE 3.10 – Pertes dynamiques par cycle : a. $HGO^{\tau}_{23}90°$. b. $HGO^{\tau}_{30}90°$. c. Pertes par cycle $HGO^{\tau}_{30}90°$ et $HGO^{\tau}_{23\rightarrow30}90°$.

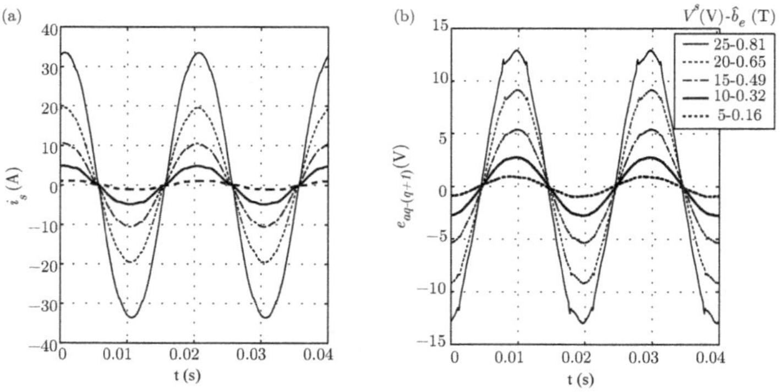

FIGURE 3.11 – Exemple des signaux mesurés : (a) i_s ; (b) $e_{aq-(q+1)}$.

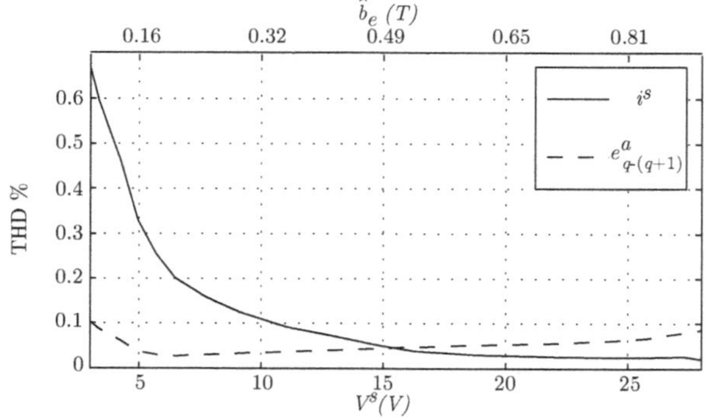

FIGURE 3.12 – TDH pour i_s et $e_{aq-(q+1)}$

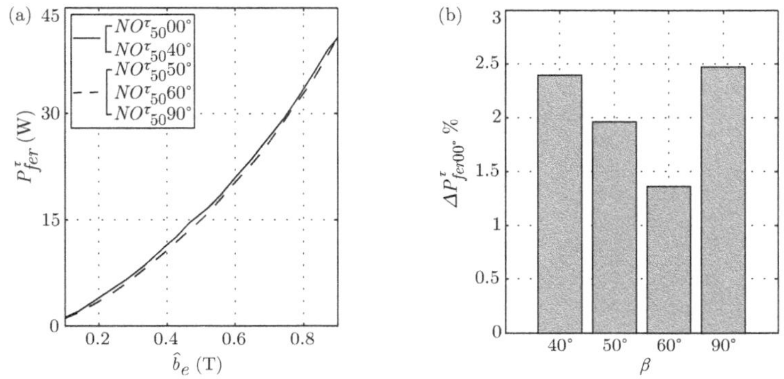

FIGURE 3.13 – (a) P^{τ}_{fer} pour les différents β testés ; (b) Différence en % par rapport à $NO^{\tau}_{50}00°$ pour $0.7\,\mathrm{T} \leq \hat{b}_e \leq 0.9\,\mathrm{T}$).

possible de conclure que ces harmoniques n'ont pas d'influence significative dans la mesure de P^{τ}_{fer}. Etant donné que b_e résulte de l'intégration de e_a, il en résulte que l'influence des harmoniques sur b_e sera également moindre.

3.4 Résultats

Dans une machine courante du marché, la valeur de $\hat{b}_e$ oscille entre 0.6 T et 0.9 T. Les résultats présentés ci-après sont exprimés en fonction de $\hat{b}_e$ afin de donner une idée du comportement de la structure sous conditions normales d'utilisation.

3.4.1 Influence de β avec NO^{τ}_{50}

Afin de voir l'influence de β en utilisant des tôles NO, plusieurs essais ont été réalisés utilisant NO_{50}. Le NO_{50} est un matériau qui a une faible anisotropie (voir section 1.3.2), donc β ne devrait pas avoir d'influence sur les performances de cette configuration. La figure 3.13 (a) présente les pertes fer mesurées en fonction de l'induction crête dans l'entrefer. On s'aperçoit, comme cela était prévisible, que la valeur de β n'affecte pas sensiblement les pertes fer de ce type de matériau (maximum 2.5% d'écart pour $NO^{\tau}_{50}90°$ pour des valeurs de $\hat{b}_e$ entre 0.7 T et 0.9 T). Ceci confirme ce qu'on trouve dans la littérature e.g (Shiozaki & Kurosaki 1989) où on montre que le NO_{50} n'est que légèrement anisotrope. L'écart rélatif a été calculé conformement à l'équation 3.5, pour des valeurs de $\hat{b}_e$ données comprises entre 0.7 T et 0.9 T. Les résultats obtenus sont présentés à la figure 3.13 (b).

$$\Delta P^{\tau}_{fer00°}\big|_{(0.7\,\mathrm{T} \leq \hat{b}_e \leq 0.9\,\mathrm{T})} = \left\langle \frac{P^{\tau}_{fer}(NO^{\tau}_{50}00°) - P^{\tau}_{fer}(NO^{\tau}_{50}\beta°)}{P^{\tau}_{fer}(NO^{\tau}_{50}00°)} \right\rangle \tag{3.5}$$

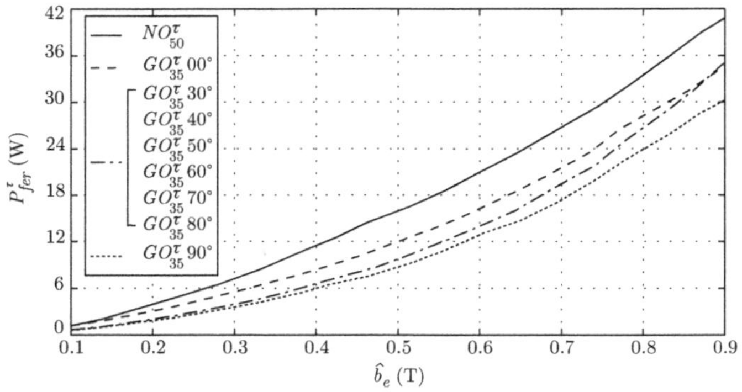

FIGURE 3.14 – P^{τ}_{fer} pour $GO^{\tau}_{35}\beta°$ et NO^{τ}_{50} en fonction de $\hat{b}_e$.

3.4.2 Etude du $GO^{\tau}_{35}\beta°$

Dans la section 2.3, il a été montré que pour les couronnes statoriques soumises à un champ unidirectionnel, la valeur de β optimale est 90°. Les essais présentés dans cette section permettent de vérifier que, sous un champ tournant, $\beta = 90°$ est toujours l'angle de décalage qui donne les meilleurs résultats. Plusieurs valeurs de β ont été testées : $\beta = 0°, 30°, 40°, 50°, 60°, 70°, 80°, 90°$. La figure 3.14 donne l'évolution des pertes fer en fonction de $\hat{b}_e$ pour $GO^{\tau}_{35}\beta°$ et NO_{50}.

Les pertes des prototypes $GO^{\tau}_{35}(30°-80°)$ sont pratiquement les mêmes de sorte qu'elles sont présentées par une seule et unique courbe. L'évolution de la différence entre les configurations $GO^{\tau}_{35}\beta°$ et NO^{τ}_{50} a été calculée d'une façon semblable à celle présentée à l'équation 2.4. On peut voir à la figure 3.15 que la configuration qui présente le moins de pertes est $GO^{\tau}_{35}90°$ suivi des autres $GO^{\tau}_{35}\beta°$.

Il apparait que par rapport à $NO^{\tau}_{50}\beta°$ le $GO^{\tau}_{35}90°$ présente entre 55% ($\hat{b}_e = 0.1$ T) et 25% ($\hat{b}_e = 0.9$ T) de moins de pertes. Cette comparaison par rapport au $GO^{\tau}_{35}00°$ conduit à des écarts qui sont respectivement de 50% et 15%.

3.4.3 Comparaison $GO^{\tau}_{35}90°$ et NO^{τ}_{35} hypothétique

Afin de compléter l'étude comparative entre les pertes présentées par le GO et le NO en champ tournant, le modèle exposé et vérifié dans la section 3.3 est utilisé pour estimer les pertes que présenterait un NO^{τ}_{35} hypothétique NO^{τ}_{35hypo} en champ tournant.

La figure 3.16 (a) présente les mesures de pertes réalisées à fréquence variable pour NO^{τ}_{50} et leur extrapolation à 0 Hz. Cette extrapolation permet d'estimer les pertes statiques de ce matériau (équation 3.3, figure 3.16 (b)).

Ensuite, on utilise l'hypothèse que les pertes dynamiques sont proportionnelles au carré

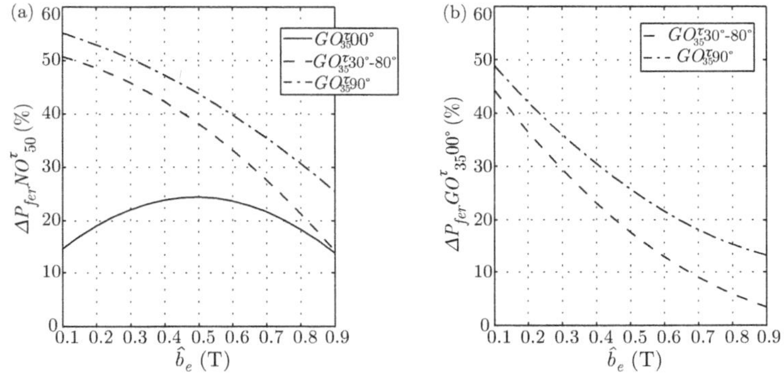

FIGURE 3.15 – (a) ΔP^{τ}_{fer} par rapport à $NO^{\tau}_{50}\beta°$; (b) ΔP^{τ}_{fer} par rapport à $GO^{\tau}_{35}00°$.

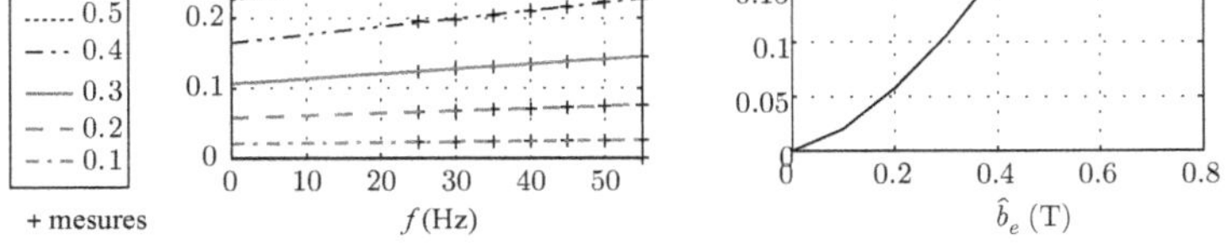

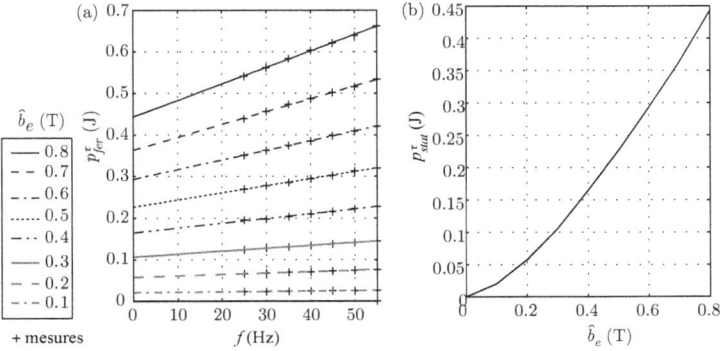

FIGURE 3.16 – (a) Extrapolation des pertes par cycle NO^{τ}_{50} ; (b) $p^{\tau}_{sta}(NO^{\tau}_{50})$.

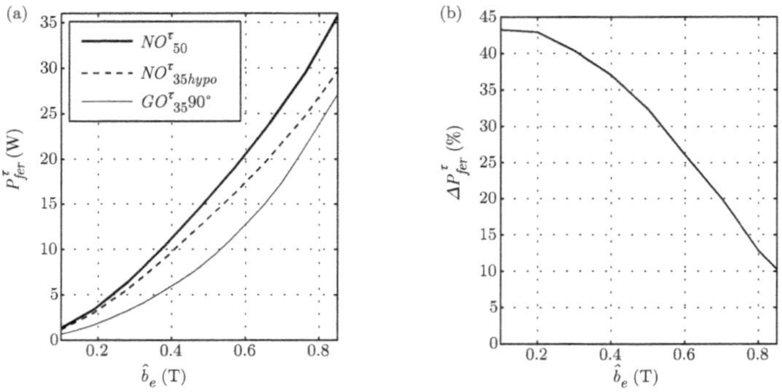

FIGURE 3.17 – (a) Pertes fer pour NO^{τ}_{50}, NO^{τ}_{35hypo}, et $GO^{\tau}_{35}90°$; (b) Ecart relatif en pourcent entre NO^{τ}_{35hypo} et $GO^{\tau}_{35}90°$.

de l'épaisseur des tôles (équation 1.4). On multiplie les pertes dynamiques par le carré du rapport des épaisseurs, dans ce cas $(\frac{0.35}{0.5})^2$. Il faut noter que cette hypothèse est pessimiste, car dans ce cas on a regroupé les pertes classiques et les pertes par excès dans un seul terme bien que, dans la littérature, on lit que les pertes par excès sont plutôt proportionnelles à la racine carré de l'épaisseur (équation 1.5).

Ainsi les pertes NO^{τ}_{35hypo} pour une fréquence de 50 Hz sont estimées (figure 3.17 (a)) et comparées à celles du $GO^{\tau}_{35}90°$ montrant que, même si l'acier NO avait une épaisseur égale à celle du GO, il présenterait plus de pertes que le $GO^{\tau}_{35}90°$. $GO^{\tau}_{35}90°$ présente entre 28% et 15% de moins de pertes que le NO^{τ}_{35hypo} pour les valeurs de $\hat{b}_e$ entre 0.6 T et 0.9 T (figure 3.17 (b)).

La différence relative entre $GO^{\tau}_{35}90°$ et NO^{τ}_{35hypo} de la figure 3.17 (b) est calculée suivant :

$$\Delta P^{\tau}_{fer} = \frac{P^{\tau}_{fer}(NO^{\tau}_{35hypo}) - P^{\tau}_{fer}(GO^{\tau}_{35}90°)}{P^{\tau}_{fer}(NO^{\tau}_{35hypo})} \tag{3.6}$$

Rappelons que dans les machines conventionnelles, l'acier utilisé est épais de 0.65 mm (Beckley 2002), Les différences mesurées seraient encore plus importantes par rapport au NO^{τ}_{65}. La figure 3.18 (a) présente P^{τ}_{fer} en fonction de $\hat{b}_e$ pour NO^{τ}_{65hypo}, estimé de la même manière que le NO^{τ}_{35hypo} et pour NO^{τ}_{50} et $GO^{\tau}_{35}90°$. La figure 3.18 (b) donne l'évolution de ΔP^{τ}_{fer} (équation 2.4) entre NO^{τ}_{65} et $GO^{\tau}_{35}90°$. On peut voir que $GO^{\tau}_{35}90°$ conduit entre 40% et 58% à moins de pertes.

Afin d'illustrer davantage la différence entre les pertes statiques du NO^{τ}_{50} et du $GO^{\tau}_{35}90°$, la figure 3.19 présente les pertes par cycle mesurées et extrapolées pour ces deux prototypes. On peut voir que les pertes statiques du NO^{τ}_{50} seules sont du même ordre de grandeur que les pertes totales du $GO^{\tau}_{35}90°$ à 50 Hz. Donc, si on se base sur ce modèle, on pourrait dire que même une nuance infiniment fine de NO présenterait plus de pertes fer que le $GO^{\tau}_{35}90°$

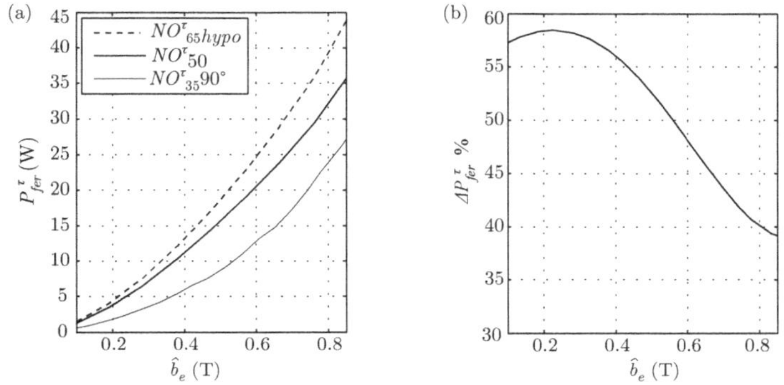

FIGURE 3.18 – (a) P^{τ}_{fer} en fonction de $\hat{b}_e$ pour : NO^{τ}_{65hypo}, NO^{τ}_{50}, $GO^{\tau}_{35}90°$; (b) Comparaison entre NO^{τ}_{65hypo} et $GO^{\tau}_{35}90°$.

3.5 Calcul de l'incertitude de la mesure

Nous avons présenté plusieurs courbes concernant les pertes fer des différents prototypes. Ces mesures ont été réalisées avec un Wattmètre de précision *Yokogawa WT210* conçu pour la mesure de faibles valeurs de puissance. Le constructeur de l'appareil de mesure donne des valeurs de précision concernant la tension et le courant pour un facteur de puissance de 1. Or, nos prototypes sont très inductifs, ce qui donne des facteurs de puissance plutot proches de 0. Afin de quantifier l'incertitude sur la mesure de puissance, une série de 10 essais pour différentes valeurs d'induction crête dans l'entrefer a été réalisée. Ces essais n'ont pas été faits l'un après l'autre, mais après d'avoir refait le montage à chaque fois. Le prototype choisi pour la répétition des essais est le $HGO^{\tau}_{35}90°$ (Voir tableau 1.4 pour les caractéristiques du HGO_{35} dans le sens de laminage).

La méthode de calcul pour l'intervalle de confiance utilisée est la même que celle présentée à la section 2.3.8. La mesure de P^{τ}_{fer} présente, à un niveau de confiance de 95%, une incertitude maximale de 5.22% et en moyenne 2.79%. La figure 3.20 (a) représente la moyenne des pertes mesurées $\overline{P^{\tau}_{fer}}$ en fonction de $\hat{b}_e$, avec leurs intervalles de confiance correspondants. La figure 3.20 (b) présente les différentes valeurs $P^{\tau}_{fer_i}$ mesurées en valeur relative $P^{\tau}_{fer_r} = P^{\tau}_{fer_i}/\overline{P^{\tau}_{fer}}$ avec leur intervalle correspondant d'incertitude.

On peut donc conclure que, si l'on répète une des mesures précédemment présentées, on trouvera les mêmes valeurs à $\pm 2.79\%$, ce qui ne remet pas en cause les conclusions des comparaisons présentées car les différences mesurées sont largement supérieures. D'autre part nous avons vérifié la répétabilité de d'expérience en montant de démontant plusieurs prototypes ce qui menait à chaque fois à des résultats très proches.

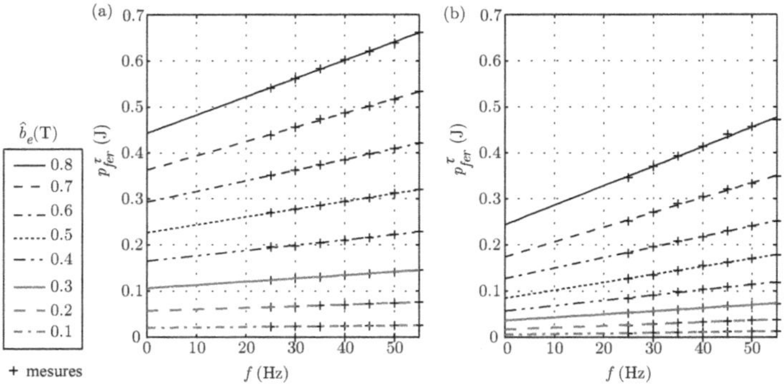

FIGURE 3.19 – Pertes par cycle de : (a) NO^{τ}_{50} ; (b) $GO^{\tau}_{35}90°$.

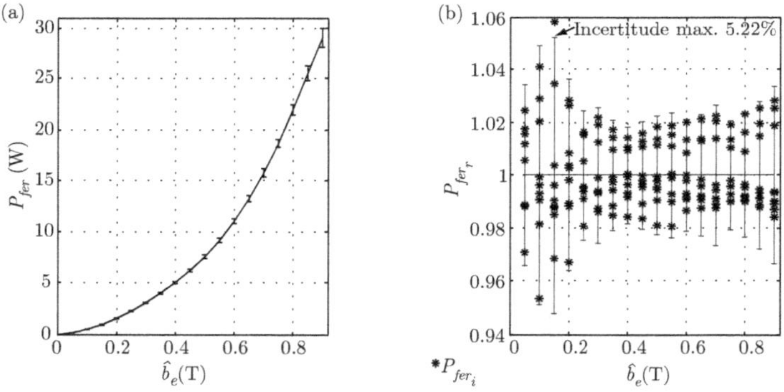

FIGURE 3.20 – En fonction de $\hat{b}_e$: (a) $\overline{P^{\tau}_{fer}}$; (b) $P^{\tau}_{fer_r}$

On peut voir que l'incertitude de cette mesure est supérieure à celle de la section 2.3.8, cette particularité est principalement tributaire au fait que dans ce cas la mesure est réalisée en triphasé en mettant en œuvre la méthode de deux wattmètres. Les pertes mesurées par cette méthode sont issues de la somme de deux mesures de puissance, ce qui implique la somme de deux incertitudes. De plus, le faible facteur de puissance qui caractérise ces prototypes augmentait d'avantage l'incertitude.

3.6 Prédétermination des pertes en champ tournant

A partir d'essais en champ unidirectionnel alternatif (section 2.3) nous avons estimé les pertes présentées par des prototypes "Moteur statique". Les différentes étapes de calcul réalisées sont :

- **Extrapolation des pertes :** Etant donné que le but de cette étude est d'estimer des pertes en champ tournant à partir d'essais en champ unidirectionnel, les mesures réalisées en champ unidirectionnel sont extrapolées pour les fréquences et les niveaux d'induction nécessaires pour les calculs.
- **Estimation des pertes dans les dents :** En supposant une induction d'entrefer sinusoïdale, l'induction moyenne crête dans les dents des prototypes est estimée afin de pouvoir déterminer leurs pertes statiques et dynamiques. Ce calcul est réalisé partant de l'hypothèse que les pertes dans les dents sont des pertes en champ unidirectionnel et peuvent être déterminées par une correction de volume des pertes dans les couronnes (section 2.3).
- **Estimation des pertes dans la culasse :** Partant de l'hypothèse que tout le flux d'entrefer se referme dans la culasse, l'induction moyenne dans celle-ci est estimée. Avec cette valeur et la théorie des pertes fer en champ tournant (Annexe D), les pertes dynamiques tangentielles sont déterminées. Puis, partant des pertes tangentielles, les pertes normales sont à leur tour estimées conformément à la relation présentée en Annexe D.
- **Pertes fer rotoriques :** Les rotors des prototypes testés sont lisses (absence de barres ou conducteurs rotoriques), nous partons donc de l'hypothèse que les phénomènes qui ont lieu dans le rotor sont en champ tournant. Ce phénomènes sont similaires à ceux qui se produisent dans la culasse statorique.
- **Pertes totales :** Les pertes statiques et dynamiques de chaque partie du circuit magnétique sont additionnées (principe de superposition) et comparées aux pertes mesurées.

3.6.1 Extrapolation des pertes

L'estimation des pertes en champ tournant est basée sur les mesures de P_{fer} faites en champ unidirectionnel avec les couronnes statiques NO_{50}. Lors des essais réalisés avec les couronnes statoriques (champ unidirectionnel alternatif), des expérimentations à différentes fréquences ont été réalisées pour différentes valeurs de $\hat{b}_g$ et de f allant de 0.1 T à 1.2 T et de 2 Hz à 50 Hz. Ces résultats sont extrapolés à 0 Hz et à 1.5 T afin de pouvoir estimer les pertes statiques et les pertes à un niveau élevé d'induction (figure 3.21). Nous faisons cette extrapolation car lors des essais réalisés avec les moteurs statiques, l'induction à certains endroits du circuit magnétique était plus importante que 1.2 T. Pour la réalisation de cette étude, nous nous intéressons seulement au deux principaux types de pertes par cycle, pertes dynamiques p_{dyn} et statiques p_{sta} comme cela a été expliqué à la section 3.3.3. Les mesures de p_{fer} à différentes fréquences permettent de les séparer (figure 3.22). Nous en avons profité pour appliquer la même procédure au $GO_{35}90°$ afin de comparer leurs pertes statiques et dynamiques (figure 3.23), on peut voir qu'au niveau de p_{dyn}, $GO_{35}90°$ présente des valeurs légèrement plus importantes. D'autre part, au concernant p_{sta}, NO_{50} présente des pertes 3.5 fois plus importantes à $\hat{b}_g$ donné.

Nous avons, par exemple, à 50 Hz et $\hat{b}_g = 1\,\mathrm{T}$, pour $GO_{35}90°$ $P_{dyn} = 3.07\,\mathrm{W}$ et

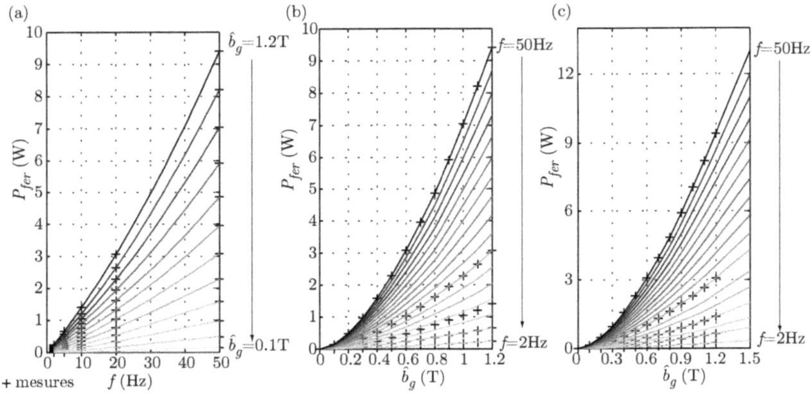

FIGURE 3.21 – Pour NO_{50} :(a) P_{fer} en fonction de la fréquence (interpolation des mesures), paramètre $\hat{b}_g$; (b) P_{fer} en fonction de l'induction, paramètre f ; (c) Extrapolation des pertes fer pour $\hat{b}_g = 1.5\,\mathrm{T}$, paramètre f.

$P_{sta} = 1.131\,\mathrm{W}$. Pour NO_{50} $P_{dyn} = 2.92\,\mathrm{W}$ et $P_{sta} = 4.12\,\mathrm{W}$. Pour déterminer ces grandeurs, les valeurs présentées sur les figures 3.22 et 3.23 sont multipliées par 50 Hz. Il est intéressant de constater qu'au niveau des pertes dynamiques, même si la maquette $GO_{35}90°$ est fabriquée avec des tôles plus fines que celles du NO_{50} elles présentent des pertes très proches. Ceci est justifié par la répartition de l'induction. Les pertes dynamiques sont proportionnelles au carré de l'induction et celle-ci est plus concentrée sur la moitié des tôles dans le cas de $GO_{35}90°$ (section 2.4). D'autre part, au niveau des pertes statiques NO_{50} présente 3.6 fois plus de pertes que $GO_{35}90°$, ceci est justifiée par la forte présence de ce type de pertes dans ce matériau (section 1.3.2).

3.6.2 Estimation des pertes dans les dents

Dans les dents de la machine, l'induction est quasiment unidirectionnelle avec une induction, supposée uniforme sur la largeur d'une dent, qui présente une valeur qui dépende de l'abscisse considérée sur la hauteur de la dent. Les pertes fer dans les dents sont donc estimées en calculant une induction crête $\left\langle \hat{b}_d \right\rangle$ à mi hauteur de la dent et en déterminant leur pertes par une correction de volume en partant des mesures réalisées avec les couronnes.

Le principe de conservation du flux se traduit par l'égalité : Flux moyen $\left\langle \hat{b}_{e(pd)} \right\rangle S_{pd}$ dans l'entrefer sous un pas dentaire = Flux moyen dans une dent $\left\langle \hat{b}_d \right\rangle S_d$, où S_{pd} et S_d sont les surfaces moyennes d'un pas dentaire et d'une dent respectivement. Comme le calcul des pertes prend en compte les valeurs de l'induction crête, nous allons considérer un instant t tel que l'induction crête d'entrefer apparaisse dans l'axe d'une dent comme précise la figure 3.24. Si le stator comporte N^s dents pour p paires de pôles, alors un pas dentaire correspond à $\frac{2\pi}{pN^s}$.

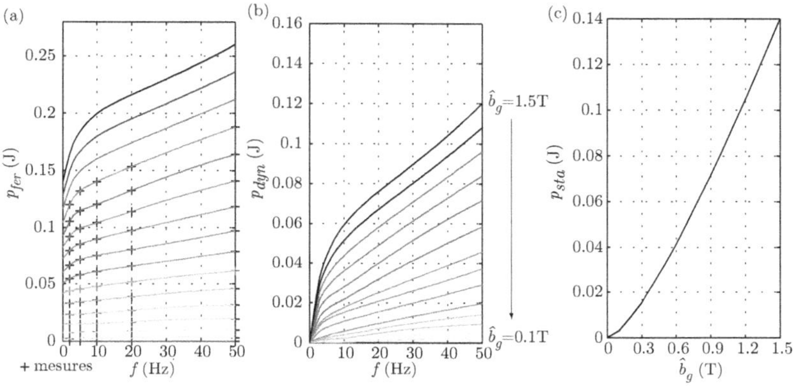

FIGURE 3.22 – Pour NO_{50} :(a) Pertes par cycle, paramètre $\hat{b}_g$; (b) Pertes dynamiques par cycle, paramètre $\hat{b}_g$; (c) Pertes statiques par cycle.

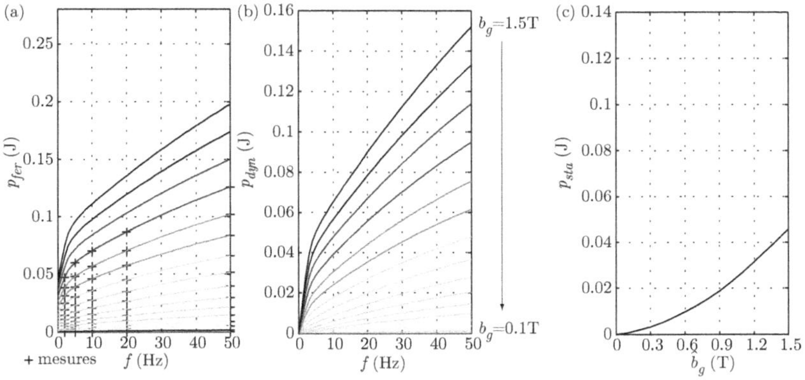

FIGURE 3.23 – Pour $GO_{35}90°$:(a) Pertes par cycle, paramètre $\hat{b}_g$; (b) Pertes dynamiques, paramètre $\hat{b}_g$; (c) Pertes statiques.

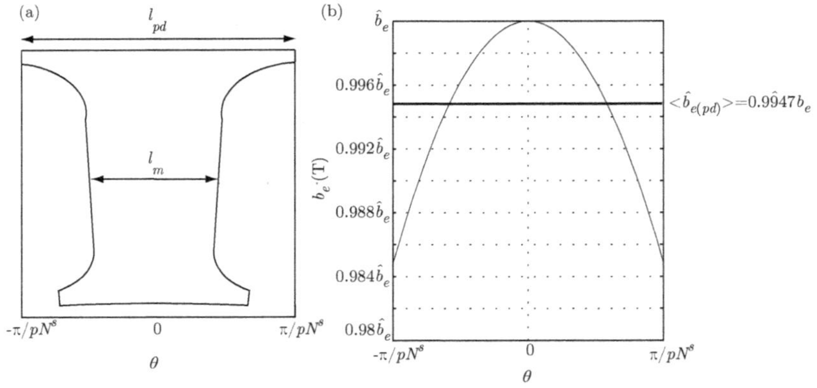

FIGURE 3.24 – (a) Schéma d'un pas dentaire en plan développé ; (b) b_e devant une encoche.

Dans ces conditions particulières, l'induction d'entrefer par rapport à l'axe de la dent s'exprime par :

$$b_e = \hat{b}_e \cos(\omega t - p\theta) \tag{3.7}$$

Il en résulte que :

$$\left\langle \hat{b}_{e(pd)} \right\rangle = 2\frac{pN^s}{2\pi} \int_0^{\frac{\pi}{pN^s}} \hat{b}_e \cos(\omega t - p\theta) d\theta$$

$$\left\langle \hat{b}_{e(pd)} \right\rangle = \hat{b}_e \frac{N^s}{\pi} \sin \frac{\pi}{N^s}$$

L'égalité précisée initialement conduit à :

$$l_m \left\langle \hat{b}_d \right\rangle = \left\langle \hat{b}_{e(pd)} \right\rangle \frac{2R_{ale}\pi}{pN^s} \tag{3.8}$$

où D_{ale} est le diamètre d'alésage et l_m la largeur moyenne d'une dent. On en déduit donc que :

$$\left\langle \hat{b}_d \right\rangle \cong \hat{b}_e \frac{2\pi R_{ale}}{pN^s l_m} \tag{3.9}$$

Une fois $\left\langle \hat{b}_d \right\rangle$ déterminé, P_{dyn} les pertes totales dynamiques et P_{sta} statiques à 50 Hz de chaque dent sont déterminées en interpolant les mesures effectuées sur les couronnes (figure 3.21 (c)). Ainsi, nous pouvons facilement déterminer les P_{dyn} et P_{sta} dans les dents par une correction de volume.

3.6.3 Estimation des pertes dans la culasse

Dans ce cas encore, la règle de conservation du flux permet d'écrire que le flux moyen sous un pôle s'identifie au flux moyen dans la culasse dans l'axe interpolaire (l'induction n'y présente qu'une composante : la tangentielle). L'induction moyenne sous un pôle est définie par $\frac{2\hat{b}_e}{ph_s^c}$. On a donc :

$$\left\langle \hat{b}_c^s \right\rangle = \hat{b}_e \frac{R_{ale}}{ph_s^c}$$

La figure 3.25 présente schématiquement l'hypothèse de calcul.

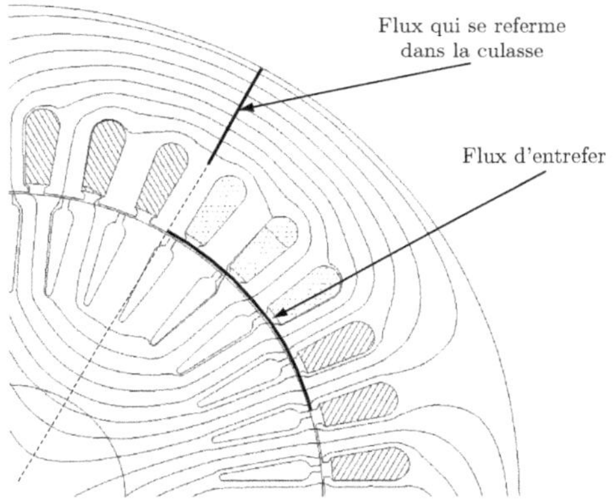

FIGURE 3.25 – Hypothèse de calcul de $\left\langle \hat{b}_c^s \right\rangle$.

Une fois $\left\langle \hat{b}_c^s \right\rangle$ connu, nous pouvons déterminer p_{dyn} et p_{sta} pour cette valeur d'induction en champ unidirectionnel utilisant les résultats des essais de la figure 3.22 et en corrigeant les valeurs par le rapport de volume entre la culasse des moteurs statiques et les couronnes statoriques.

Les pertes dynamiques en champ unidirectionnel peuvent être corrigées en utilisant les équations D.52, D.53 et D.32 pour calculer les pertes dues à l'induction tangentielle en champ tournant. Une fois les pertes dues au champ tangentiel estimées, celles dues à l'induction normale sont calculées avec l'équation D.44. Une correction similaire est réalisée avec les pertes statiques.

3.6.4 Pertes fer rotoriques

Le fait de travailler sur le plan développé permet d'utiliser les mêmes relations que celles utilisées pour le calcul des pertes dans le stator.

R^r_{ext} est le rayon extérieur du rotor, h^c_r la hauteur rotorique et R^r_{int} le rayon intérieur. $R^r_{ext} = R^r_{int} + h^c_r$.

Dans le rotor nous avons la même qualité de tôles que dans le stator : $C^{(3\approx)}_{ctg(dyn)}$ des relations D.50 et D.10 devient :

$$C^{(3\approx)}_{ctg(dyn)}(rotor) = \frac{\pi^3 \wp^s_{cm} k^s_f R^r_{cmoy} R^r_{ext} g_{tg}}{4\rho} \tag{3.10}$$

La constante y^{s*} dans ce cas devient :

$$y^{r*} = \frac{R^r_{int}}{R^r_{ext}} = \frac{R_{ale}}{R_{ale} + h^c_r} \tag{3.11}$$

La correction se fait sur R^r_{cmoy},

$$\frac{C^{(3\approx)}_{ctg(dyn)}(rotor)}{C^{(3\approx)}_{ctg(dyn)}(stator)} = \frac{R^r_{cmoy}}{R^s_{cmoy}} \frac{R_{ale} + h^c_r}{R^s_{ext}} \frac{g_{tg} y^{r*}}{g_{tg} y^{s*}} \tag{3.12}$$

Nous pouvons donc partir de l'induction moyenne dans le rotor $\left\langle \hat{b}^s_r \right\rangle$ donnée par :

$$\left\langle \hat{b}^s_r \right\rangle = \frac{R_{ale} \hat{b}_e}{2R_r} \tag{3.13}$$

pour la réalisation des calculs de pertes rotoriques.

Une approche similaire à celle du calcul des pertes dans la culasse a été mise en œuvre pour le calcul des pertes dans le rotor. Ceci est justifié car dans le rotor, des phénomènes en champ tournant, similaires à ceux de la culasse statorique, sont aussi présents. La seule différence dans le calcul est le volume de fer, pour la correction des pertes, et l'induction moyenne dans le rotor $\left\langle \hat{b}^s_r \right\rangle$.

3.6.5 Résultats des calculs

P_{sta} et P_{dyn} sont calculés séparément pour les différentes parties du circuit magnétique des prototypes. La figure 3.26 présente P_{dyn} calculé et P_{dyn} mesuré. Les valeurs de P_{sta} et P_{dyn} sont issus des mesures à différentes fréquences (figure 3.16) qui permettent la séparation des pertes comme il est expliqué à la section 3.4.3.

La modélisation montre que la plupart de P_{dyn} est présente dans la culasse, suivi par les dents et finalement par le rotor. Ce résultat suit la répartition de l'induction dans la structure : Pour une valeur de, par exemple, $\hat{b}_e = 0.9\,\mathrm{T}$ le calcul donne $\left\langle \hat{b}^s_c \right\rangle = 1.588\,\mathrm{T}$, $\left\langle \hat{b}^s_r \right\rangle = 0.45\,\mathrm{T}$ et $\left\langle \hat{b}_d \right\rangle = 1.579\,\mathrm{T}$.

Au niveau de P_{sta}, la figure 3.27 présente les différentes valeurs calculées et mesurées. On peut voir que, comme dans le cas de P_{dyn}, la plupart des pertes se trouve dans la culasse. Cependant, contrairement à P_{dyn}, les calculs sont moins proches des mesures, avec un écart d'environ 30%. Cet écart peut s'expliquer par la présence des phénomènes en champ

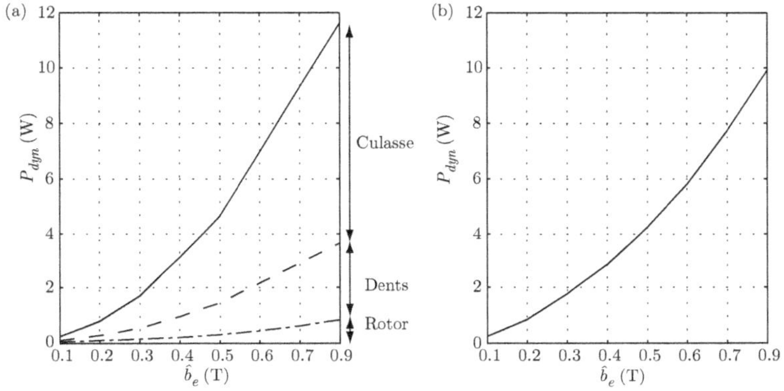

FIGURE 3.26 – Pertes dynamiques : (a) Calculées ; (b) Mesurées.

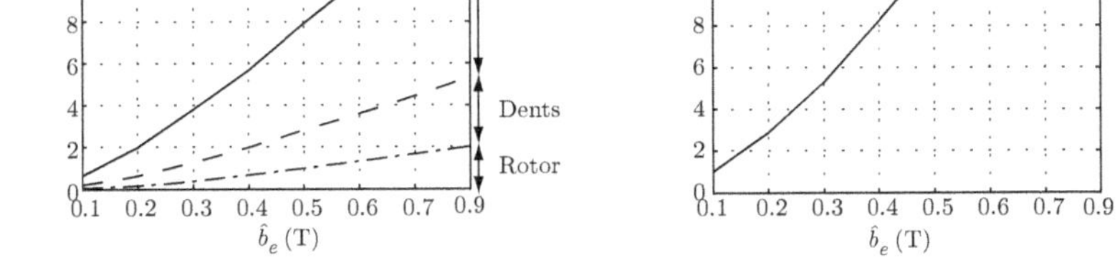

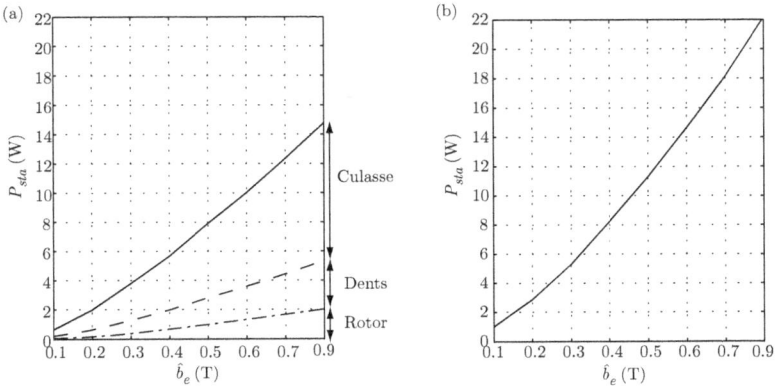

FIGURE 3.27 – Pertes statiques : (a) Calculées ; (b) Mesurées.

tournant, comme l'hystérésis tournante, qui peuvent difficilement être pris en compte analytiquement.

3.6.6 Exemple de calcul

Afin de montrer un cas concret de calcul, les valeurs des différentes pertes calculées par cette méthode, pour $\hat{b}_e = 0.5\,\mathrm{T}$, sont présentées ci-après :

Calcul des pertes dans les dents

Induction moyenne devant les dents $\left\langle \hat{b}_{e(pd)} \right\rangle = 0.498\,\mathrm{T}$
Induction moyenne dans les dents $\left\langle \hat{b}_d \right\rangle = 0.8779\,\mathrm{T}$
Volume couronne= 5.2743x10^{-4} m^3
Volume des ($N^s = 36$ dents)= 2.7344x10^{-4} m^3
Rapport de volumes Culasse/Dents= 0.5184
Pertes dynamiques couronne $P^{s(\approx)}_{c(dyn)}(0.8779\,\mathrm{T}){=}2.1886\,\mathrm{W}$
Pertes statiques couronne $P^{s(\approx)}_{c(stat)}(0.8779\,\mathrm{T}){=}3.4919\,\mathrm{W}$
Pertes dynamiques corrigées dents (0.8779 T)=1.1346 W
Pertes statiques corrigées dents (0.8779 T)=1.8103 W

Calcul des pertes dans la culasse statorique

Volume culasse= 7.22x10^{-4} m^3
Rapport de volumes Culasse/Couronnes= 1.369
Induction moyenne crête dans la culasse= 0.8824 T
Pertes dynamiques couronne $P^{s(\approx)}_{c(dyn)}(0.8824\,\mathrm{T}) = 2.2\,\mathrm{W}$
Pertes statiques couronne $P^{s(\approx)}_{c(stat)}(0.8824\,\mathrm{T}) = 3.519\,\mathrm{W}$
Pertes dynamiques corrigées= 3.024 W
Pertes statiques corrigées= 4.818 W
$y^{s*}{=}0.8172$.
$g_{tg}(y^{s*}, p){=}0.91$ (Equation D.32)
$K^{s(3\approx)}_{tg(y^{s*},p)}(stator){=}1.0067$ (Equation D.53)
Pertes dynamiques tangentielles culasse $P^{s(3\approx)}_{ctg(dyn)} = 3.0449\,\mathrm{W}$
Pertes statiques tangentielles culasse $P^{s(3\approx)}_{ctg(sta)} = 4.08503\,\mathrm{W}$
Rapport Pertes tangentielles et normales (EquationD.44)=17.9452
Pertes dynamiques normales $P^{s(3\approx)}_{cndyn} = 0.1697\,\mathrm{W}$
Pertes statiques normales $P^{s(3\approx)}_{cnsta} = 0.2703\,\mathrm{W}$
Pertes dynamiques totales culasse= 3.2146 W
Pertes statiques totales culasse= 5.1206 W

Calcul des pertes dans le rotor

Induction moyenne dans le rotor=0.2521 T
Pertes dynamique couronne $P^{s(\approx)}_{c(dyn)}(0.2521\,\mathrm{T}) = 0.177\,\mathrm{W}$
Pertes statiques couronne $P^{s(\approx)}_{c(stat)}(0.2521\,\mathrm{T}) = 0.5468\,\mathrm{W}$
Volume rotor= 8.89x10^{-4} m^3
Rapport de correction volume=1.687
$y^{r*}{=}0.5609$

$g_{tg}(y^{r*}, p)$= 0.2011
$K^{s(3\approx)}_{tg(y^{s*},p)}(rotor)$= 0.2202
Pertes dynamiques rotor tangentielles $P^{r(3\approx)}_{ctg(dyn)}$= 0.0660 W
Pertes statiques rotor tangentielles $P^{r(3\approx)}_{ctg(sta)}$= 0.2031 W
Rapport Pertes tangentielles et normales (Equation D.44)=2.4830
Pertes dynamiques rotor normales $P^{r(3\approx)}_{cndyn}$= 0.0266 W
Pertes statiques rotor normales $P^{r(3\approx)}_{cnsta}$= 0.0818 W
Pertes statiques totales rotor= 0.2849 W
Pertes dynamiques totales rotor= 0.0926 W
Pertes totales
Pertes dynamiques totales= 4.442 W
Pertes statiques totales=7.216 W

3.7 Conclusions sur expérimentations en champ tournant

Des essais en champ tournant ont été réalisés en mettant en oeuvre des prototypes ayant une géométrie proche de celle d'une machine tournante. Dans ce cas particulier, les prototypes ont un rotor et un stator, mais le rotor, relié mécaniquement au stator, n'est ni denté ni bobiné.

Nous sommes conscients de l'influence qu'a sur les pertes fer le fait d'avoir un rotor statique : d'une part l'augmentation des pertes fer rotoriques due à la fréquence des courants de Foucault qui est la même au rotor et au stator. Cependant, on peut supposer que les pertes mesurées correspondent principalement à celles du stator car, dans le fer rotorique, l'induction est assez basse dans la mesure où le flux peut s'y répartir plus facilement puisqu'il est lisse. Au niveau des différentes comparaisons réalisées, on peut dire que les essais ayant été faits de la même façon pour les différentes nuances testées, ces comparaisons sont valables.

Cette manipulation ne remplace pas un test avec une vraie machine tournante, mais elle nous a servi pour confirmer ce qui a été observé précédemment (sections 2.3 et 2.4). On a pu constater que la présence d'un champ tournant n'influence pas les conclusions au niveau de l'optimisation de la structure, c'est à dire que $\beta = 90°$ semble présenter toujours les meilleurs résultats dans la mesure où les pertes prépondérantes correspondent à la composante tangentielle de l'induction dans le fer de la culasse statorique.

Nous savons que l'induction au niveau de dents est, à cause de leur section, environ deux fois celle que l'on impose dans l'entrefer. Les pertes fer, tant qu'à elles, sont proportionnelles au carré de l'induction, nous pouvons donc conclure que les dents d'une machine sont des zones qui présentent des niveaux élevés de pertes fer. Au chapitre 2, nous avons vu qu'en champ unidirectionnel, le flux trouve sur la hauteur de l'empilement les tôles les plus perméables pour s'y instaurer, réduisant ainsi les pertes. On peut supposer que cette répartition aura aussi lieu dans les dents d'une machine AC, où le flux est principalement normal, et dans les zones de la culasse où le flux est complètement tangentiel (voir figure 3.1 (b)). Cette particularité justifie en partie les résultats trouvés expérimentalement où $\beta = 90°$ a présenté les meilleurs performances.

En ce qui concerne les zones où il y a la présence de deux composantes d'induction (normale et tangentielle), prédéterminer leur répartition est assez difficile, nous pouvons à priori dire que le principe de minimisation de l'énergie obligera au flux à profiter des zones hautement perméables. Nous avons vu au chapitre 2 que sur la hauteur du circuit, le décalage qui répartie au mieux les zones de haute perméabilité est $\beta = 90°$. Nous pouvons donc penser que le flux, même en champ tournant sera favorisé par ce décalage.

Un article a été rédigé concernant les essais présentés dans cette section sous le titre *"Validation of high-efficiency AC rotating electrical machine magnetic circuit by particular tests at standstill"*. Il a été présenté en septembre 2009 lors de la conférence SMM 19 à Turin en Italie (Lopez et al. 2009*a*).

4

Expérimentation avec des machines asynchrones

Dans les deux chapitres précédents, le principe de décalage des tôles a été testé en champs unidirectionnel (couronnes statoriques) et tournant (moteurs statiques). Les résultats montrent que ce principe permet, pour la même masse de matériau, de réduire les pertes fer et le courant magnétisant si l'on compare un circuit GOβ au NO classique. Ceci est vrai lorsqu'on considère les GOβ en comparant un décalage de $\beta = 90°$ par rapport aux autres valeurs de β, mais aussi, si l'on compare le $GO_{35}90°$ par rapport au NO_{65} qui est traditionnellement utilisé pour la conception des machines électriques tournantes.

Cependant, une machine tournante présente plusieurs types de pertes : pertes fer, par effet Joule, mécaniques... (section 1.1). Il est difficile d'estimer, à priori, avec précision, l'impact qu'un circuit magnétique fabriqué avec du GO peut avoir sur le rendement d'une machine. On peut supposer qu'il y aura une réduction des pertes fer (sections 4.4.1.0, et 3.4.2) et une légère réduction du courant magnétisant compte tenue de la réduction de la consommation d'ampère-tours dans le fer (section 2.3.3). Ces informations demeurent cependant insuffisantes pour apprécier le gain éventuel sur le rendement.

Le meilleur moyen de connaître l'influence du GO dans les machines tournantes était d'en construire et de comparer ses performances à celles obtenues avec une machine conventionnelle. Pour cela, nous avons contacté une société qui répare et rebobine des machines électriques. Nous lui avons demandé de démonter le circuit magnétique statorique de moteurs asynchrones de 10 kW et de le remplacer par des circuits GO décalés.

Une campagne d'essais a été réalisée sur ces machines afin de les caractériser. Ensuite la norme (IEC-60034-2 2007) a été utilisée pour le calcul de leur rendement. D'autres quantités, qui permettent d'apprécier le comportement de ces machines en charge, sont également déterminées.

4.1 Stratégie mise en œuvre

Nous avons fait réaliser différents types de machines, la machine de référence, ou d'origine, présentant les caractéristiques données dans le tableau 4.1. En fait, cette opération,

Machine asynchrone d'origine			
Tension	230/400 V	Δ/Y	$p = 2$
Courant	36.5/21.0 A	1440 tr/min	50 Hz
Puissance	10 kW	$\cos\varphi = 0.81$	

Tableau 4.1 – Données des plaques signalétiques.

si on ne souhaite intervenir que sur le circuit magnétique statorique, est très délicate car elle nécessite :

- tout d'abord, d'acheter plusieurs machines "d'origine"
- d'en garder une telle quelle pour servir de référence
- de démonter le bobinage statorique des autres ainsi que le circuit magnétique correspondant (ABMC Calais)
- de découper des nouvelles tôles conformément à celles qui existaient initialement (Oxymétal Metz)
- de procéder éventuellement à un recuit (TKES Isbergues)
- de reconstituer le circuit magnétique suivant des recommandations spécifiques et refaire le bobinage statorique (ABMC Calais).

Outre ces différents aspects, il était nécessaire, en début de thèse de définir les angles de décalage β que nous souhaitons introduire au niveau de l'assemblage des tôles GO.

Pour ce faire, nous nous sommes basés sur des essais préliminaires (réalisés, pour la plupart d'entre eux, l'année qui précédait notre inscription en thèse) qui ont consisté à tester l'efficacité du décalage sur des coupelles. Ces coupelles sont de simples disques percés en leur centre d'un trou de diamètre faible comparativement au diamètre extérieur du disque. Ces essais, qui consistent à exciter l'assemblage à l'aide d'un enroulement alimenté en monophasé, ont mis en évidence que le décalage β de 60° conduisait aux meilleurs performances (Hihat et al. 2010*b*).

Nous avons donc fait réaliser un banc, qualifié de banc N°1, composé, en ce qui concerne les machines asynchrones :

- de la machine d'origine NO_{65}^{M}
- d'une machine GO_{35} avec un décalage β de 60° ($GO_{35}^{M}60°$)
- d'une machine NO_{50} avec également un décalage β de 60° ($NO_{50}^{M}60°$)

Les deux machines modifiées étaient dotées des rotors d'origine et présentaient un entrefer minimal de 0.35 mm comme la machine d'origine.

Nous avons reçu ce banc lors de notre second année de thèse. Les investigations que nous avons réalisées sur les couronnes statoriques et les moteurs statiques, pendant que se construisait ce banc (couronnes statoriques, moteurs statiques), nous ont montré qu'en fait, le meilleur décalage correspondait à 90°. Nous nous sommes, en effet, aperçus que les coupelles, qui présentaient une "hauteur de culasse" beaucoup plus grande que le diamètre d'alésage, conduisaient à un angle de décalage optimal de 60° à cause, probablement, du trajet fortement elliptique des lignes de champs dans le fer. Par conséquent, les résultats n'étaient pas directement transposables aux machines électriques réelles où la hauteur de culasse est petite devant le rayon d'alésage. Nous avons donc décidé de faire construire un banc qualifié de N°2 qui comprenait une machine dont le circuit magnétique était en GO_{35} décalé de 90°. Au niveau du banc N°2, nous avons décidé d'appliquer le principe de décalage également sur les rotors. Ce banc N°2 était donc constitué de trois machines :

- une en GO_{35} décalé de 90° ($GO_{35}^{M}90°$)
- une en GO_{35} décalé de 60° ($GO_{35}^{M}60°$)
- une en NO_{50} décalé de 60° ($NO_{50}^{M}60°$)

les rotors des $NO_{50}^{M}60°$ et $GO_{35}^{M}60°$ ne comportaient pas de cage de manière à pouvoir apprécier les effets HF dus à la denture (Brudny & Romary 2010). Le principe que nous voulions mettre en œuvre consiste à exploiter les couples engendrés par l'hystérésis et les courants de Foucault rotoriques. Nous avons reçu ce banc N°2 pendant notre troisième année de thèse.

4.2 Réalisation des machines du Banc N°1

4.2.1 Découpe des tôles statoriques

Nous avons copié la géométrie des tôles statoriques afin d'en faire découper en GO_{35} et en NO_{50}. La figure 4.1 [23] présente la géométrie des tôles qui ont été enlevées des machines. Cette géométrie présente un problème pour réaliser pratiquement les associations. On peut voir qu'il y a plusieurs rainures pour les tiges de maintien, celles-ci empêchent un montage simple juste en décalant les tôles. Pour faire face à cette particularité, le plan de découpe des tôles statoriques a été décalé lors de la découpe comme le montre la figure 4.2, qui considère un décalage β de 60°. Sur cette figure on voit comment trois tôles sont découpées dans une même plaque, la DL étant différemment orientée dans chacune des tôles. Pour la machine ayant des tôles décalées de 90°, une méthode de découpe similaire a été utilisée.

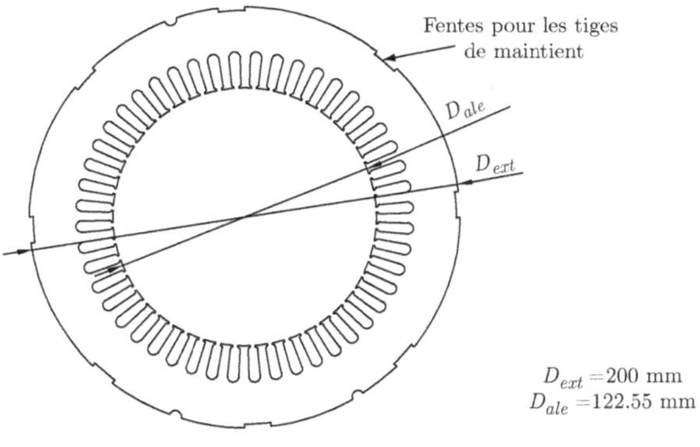

FIGURE 4.1 – Géométrie des tôles statoriques.

Compte tenue de la périodicité spatiale, il existe trois types de tôles pour le décalage 60° et deux pour 90° : la première où il n'y a pas de décalage, la deuxième qui a un décalage

23. Pour les plans détaillés, voir annexe B, page 136.

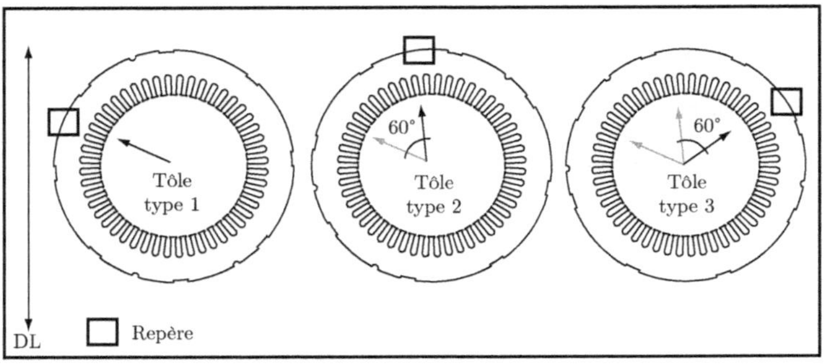

FIGURE 4.2 – Schéma de découpe des tôles pour avoir 3 tôles décalées de 60° dans une plaque.

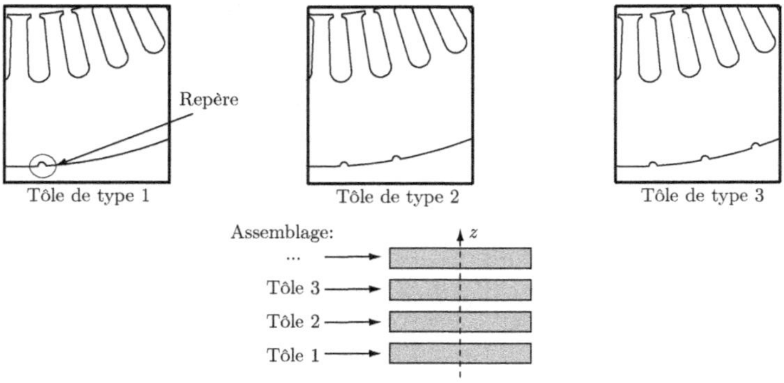

FIGURE 4.3 – Repères et assemblage.

de 60° ou 90° par rapport à la première et la troisième qui présente un décalage de 60° ou 90° par rapport à la deuxième, soit 120° et 180° par rapport à la première. Dans le cas de 90°, il faut découper seulement deux types de tôle car la troisième serait découpée comme la première. Nous avons montré à la section 2.3, figure 2.6 que $\alpha = 120°$ a les mêmes caractéristiques magnétiques que $\alpha = 60°$, cependant, étant donné que la géométrie des tôles n'est pas symétrique (présence des fentes pour les tiges de maintient, figure 4.1), il a fallu découper un type de tôle pour le décalage 60° et un autre pour 120°.

Le problème du décalage étant résolu, un nouveau problème s'est posé : comment différentier les types de tôles une fois découpées tout en rendant cette tâche facile pour la personne qui réalise l'assemblage du stator. La solution trouvée est la création de repères sur chaque tôle (voir figure 4.3) ; un repère pour la tôle de type 1, deux pour celle de type 2 et trois pour le type 3. Ainsi, les tôles peuvent être différenciées facilement et leur assemblage consiste à placer les tôles les unes après les autres dans l'ordre des repères.

La découpe a été réalisée à l'aide d'un laser "Yag" qui garanti une précision de découpe de 10 μm environ. Cet outil est souvent utilisé pour la découpe de tôles de prototypes de machines électriques. Les tôles GO_{35} ont été ensuite recuites pour l'enlèvement du stress induit par le laser (Belhadj et al. 2003), (Beckley 2002). Les tôles NO_{50} ayant un revêtement organique ne peuvent pas être recuites. En effet, il faudrait faire la découpe et le recuit avant l'application du revêtement (Beckley 2002).

Cette procédure de découpe pourrait être envisagée pour la fabrication industrielle de ce type de machines. Les tôles pourraient être décalées lors de la découpe par poinçonnage ou au laser (procédures les plus utilisées dans l'industrie (Beckley 2002)).

4.2.2 Caractérisation de la machine d'origine

Nuance d'origine

Afin de savoir avec quelle nuance d'acier les circuits magnétiques des machines avaient été réalisés à l'origine, nous avons fait des essais avec les stators qui ont été enlevés des machines modifiées. Ces essais, qui ont été effectués de la même façon que ceux présentés à la section 2.3, permettent de mesurer des pertes NO proches des données fournies par le fabricant. On a donc utilisé ce type de test pour estimer la nuance des tôles constituant le circuit magnétique statorique de la machine d'origine : Compte tenue de l'épaisseur des tôles (0.65 mm) et des pertes spécifiques, la nuance la plus probable est M 700-65 A (voir tableau 4.2).

	Officiel 1.5T	Mesuré 1.5T	Officiel 1T	Mesuré 1T
M 700-65 A	7 W/kg	6.66 W/kg	3 W/kg	3.17 W/kg

Tableau 4.2 – Comparaison entre les essais réalisés avec les couronnes utilisant les tôles d'origine et les valeurs données par les fabricants pour le M 700-65 A.

On peut donc en conclure que le fabricant de ces machines utilise une nuance de NO

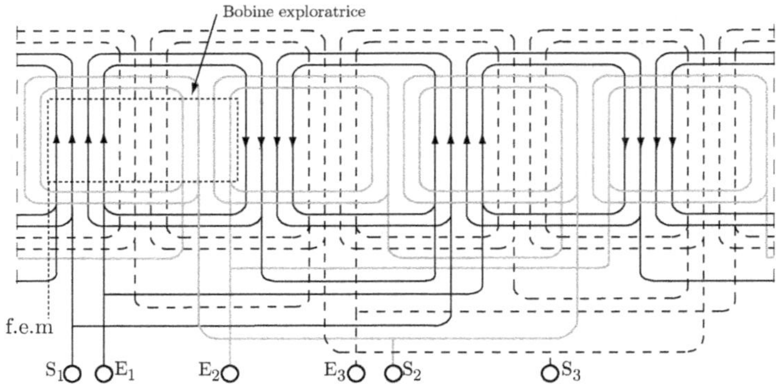

FIGURE 4.4 – Schéma de câblage du moteur.

qui présente beaucoup de pertes spécifiques, sans doute pour réduire les coûts de fabrication. Cette philosophie est contraire à celle des moteurs à haut rendement où l'on cherche avant tout à réduire les pertes. Une autre raison pour utiliser des tôles épaisses concerne la longueur équivalente de fer : plus les tôles seront fines, moins de longueur équivalente de fer il y aura à cause du facteur de foisonnement (tableau 4.3 [24]).

Epaisseur (mm)	Facteur de foisonnement
0.23 mm	95.5 %
0.27 mm	96.0 %
0.30 mm	96.5 %
0.35 mm	97.0 %

Tableau 4.3 – Facteur de foisonnement en fonction de l'épaisseur des tôles (acier GO).

Bobinage

La figure 4.4 présente le schéma de bobinage des stators : il s'agit d'un bobinage à $p = 2$, 4 encoches par pôle et par phase et 23 conducteurs par encoche. La réalisation est en bobines par pôles avec 2 voies en parallèle. Afin de mesurer l'induction de travail, une bobine exploratrice constituée d'un tour, a été placée. Pour ce faire, nous avons collé un fil en haut de l'encoche sur une distance polaire comme le montre la figure 4.4. Cette bobine permet de mesurer la f.e.m induite e_{bob} par l'onde d'induction d'entrefer.

La figure 4.5 présente la tension composée d'alimentation u_s et f.e.m e_{bob} mesurées lors d'un fonctionnement à vide. La forme d'onde de e_{bob} permet d'apprécier les harmoniques dus aux effets de denture et autres phénomènes non linéaires. Ces derniers pourraient fausser la valeur du fondamental de l'induction d'entrefer $\hat{b}_e^M$ (l'indice M précise qu'il s'agit de

24. Tiré de la brochure officielle d'acier GO de ThyssenKrupp E.S

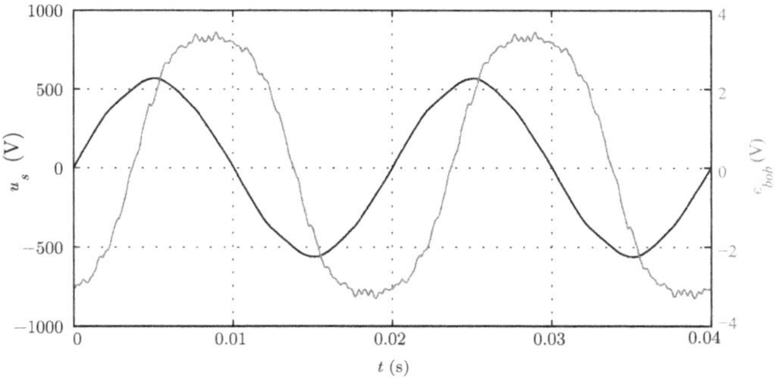

FIGURE 4.5 – Pour la machine NO_{65}^M : u_s et e_{bob}.

machines tournantes). Afin d'éviter ce problème, le fondamental e_{bob-1} de e_{bob} a été calculé.

Avec ces informations, nous pouvons déterminer l'induction crête fondamentale dans l'entrefer $\hat{b}_e^M$, il suffit d'intégrer sur un pas polaire l'expression de $b_e = \hat{b}_e \cos(\omega t - p\theta^s - \delta^s)$. :

$$\hat{b}_e^M = \frac{p\hat{e}_{bob-1}}{2l_{fer}^M R_{ale}\omega} \tag{4.1}$$

où, ω est la fréquence angulaire d'alimentation, $R_{ale} = 0.0613\,\text{m}$ le rayon d'alésage interne du stator et $l_{fer}^M = 0.179\,\text{m}$ la hauteur du fer. Le tableau 4.4 présente les valeurs obtenues.

	$\hat{b}_e^M$	$\hat{e}_{bob-1}$
NO_{65}^M	1.03 T	3.55 V

Tableau 4.4 – Valeurs crête des fondamentaux de e_{bob} et $\hat{b}_e^M$.

L'induction crête d'entrefer est d'environ 1 T. Cette induction est très élevée pour une machine courante, cette machine est donc dimensionnée pour être en saturation, notamment au niveau des dents. Ceci pourrait s'expliquer par un intérêt économique : si un fabricant de machines se soucie peu des pertes fer et du courant magnétisant, il peut dimensionner la machine de façon telle qu'elle soit saturée, ainsi la masse de fer nécessaire est minimale en dépit du rendement. Afin de confirmer ce résultat, nous avons réalisé le calcul théorique de l'induction à l'aide des équations classiques de dimensionnement de machines et des dimensions mesurées. Partant de l'hypothèse que la chute de tension dans la résistance et l'inductance de fuites statoriques est négligeable et que tous les ampères tours se retrouvent aux bornes de l'entrefer, la f.e.m interne s'identifie avec la tension d'alimentation et ce fait, c'est cette dernière qui impose l'induction d'entrefer. La définition de la f.e.m efficace par phase s'écrit :

$$E_\mu = U_s/\sqrt{3} = k'^a \langle \phi_e \rangle f n^1 \tag{4.2}$$

on peut exprimer le flux moyen d'entrefer sous un pôle comme :

$$\langle \phi_e \rangle = \frac{U_s}{\sqrt{3} n^1 k'^a f \gamma} \tag{4.3}$$

où $U_s = 400\,\text{V}$, $n^1 = 23 \times 4 \times 2 = 184$ est le nombre de conducteurs actifs en série par phase, $f = 50\,\text{Hz}$ la fréquence d'excitation, γ le coefficient de Hopkinson dont la valeur est d'environ 1.03. Le coefficient de Kapp k'^a est définit comme :

$$k'^a = \frac{k^a \pi}{\sqrt{2}} = 2.127$$

où le coefficient de bobinage $k^a = 0.9577$. $\hat{b}_e^M$ peut être exprimée comme :

$$\hat{b}_e^M = \frac{\langle \phi_e \rangle \pi}{2 S_p} = 1.04\,\text{T}$$

où la surface polaire $S_p = \frac{\pi R_{ale} l_{fer}^M}{p}$. Ce calcul confirme ce qui a été mesuré avec la bobine exploratrice (tableau 4.4).

4.3 Essais réalisés à vide sur le Banc N°1

4.3.1 Présentation du problème

Les pertes lors du fonctionnement à vide des machines ont été relevées en mesurant simultanément le courant et la tension statorique. La f.e.m induite aux bornes des bobines exploratrices n'a pas pu permettre de déduire les pertes fer comme pour les machines statiques (trop peu de tours).

Une machine fonctionnant à vide présente un facteur de puissance très faible, ce qui rend la mesure de puissance peu précise. Afin de quantifier son incertitude, une série de cinq essais a été réalisée sur l'une de ces machines. Les relevés ont été effectués après avoir laissé chauffer la machine pendant 2 h avant chaque essai afin qu'elle atteigne l'équilibre thermique. La même méthode que celle présentée à la section 2.3.8 a été utilisée pour calculer l'intervalle de confiance de cette mesure, on trouve ±6.9%.

Si on mesure les pertes sur chaque machine une par une pour ensuite calculer la différence, alors l'incertitude sur celle-ci sera le double comme le montre la figure 4.6. L'incertitude dans le calcul de la différence entre les puissances consommées par deux machines P_{M1} et P_{M2}, noté ΔP_{M12}, est exprimée comme :

$$\begin{aligned} \Delta P_{M12} &= P_{M1} \pm 0.069 P_{M1} - P_{M2} \pm 0.069 P_{M2} \\ \Delta P_{M12} &= (P_{M1} - P_{M2}) \pm (0.069(P_{M1} + P_{M2})) \end{aligned} \tag{4.4}$$

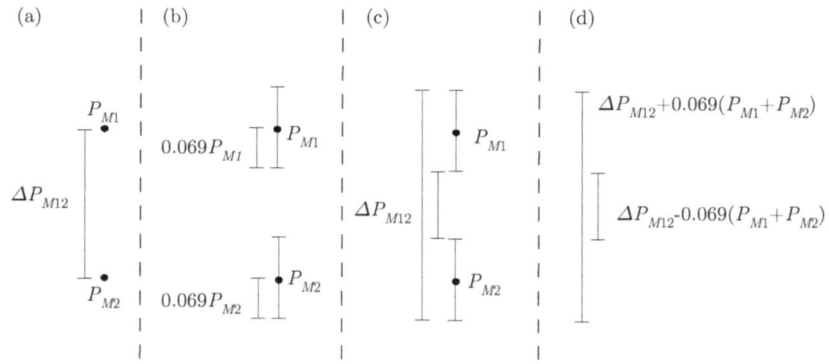

FIGURE 4.6 – (a) ΔP_{M12}, ce qu'on veut mesurer ; (b) Incertitude de la mesure de P_{M1} et P_{M2} ; (c) Cas extrêmes du calcul de ΔP_{M12} ;(d) Incertitude dans le calcul de ΔP_{M12}.

Etant donné que nous voulons mettre l'accent sur la différence entre les machines, mesurer la puissance de chaque machine séparément peut introduire une erreur non négligeable. Afin de faire face à ce problème, nous avons utilisé une méthode différentielle de mesure.

4.3.2 Description de la méthode différentielle en triphasé

Les mesures ont été réalisées suivant une méthodologie proche de celle présentée à la section 2.3.5. En effet, cette méthode peut être appliquée en triphasé car P_{M1}, la puissance d'une machine M1, peut être exprimée comme :

$$P_{M1} = \frac{1}{T}\int_0^T \left(v_1^{M1}i_1^{M1} + v_2^{M1}i_2^{M1} + v_3^{M1}i_3^{M1}\right) dt$$

où v_q^{M1} et i_q^{M1} sont respectivement la tension simple et le courant de la phase q. Si on ne relie pas le neutre entre la source et la machine il vient :

$$-i_3^{M1} = i_2^{M1} + i_1^{M1}$$

La puissance peut donc être exprimée comme :

$$P_{M1} = \frac{1}{T}\int_0^T \left(u_{13}^{M1}i_1^{M1} + u_{23}^{M1}i_2^{M1}\right) dt$$

où $u_{qq'}^{M1}$ est la tension composée entre les phases q et q'. Si on a une deuxième machine $M2$ alimentée en parallèle par la même source d'alimentation, la différence entre les puissances consommées peut être exprimée comme :

$$\Delta P_{M12} = \frac{1}{T}\int_0^T \left(u_{13}i_1^{M1} + u_{23}i_2^{M1}\right) dt - \frac{1}{T}\int_0^T \left(u_{13}i_1^{M2} + u_{23}i_2^{M2}\right) dt$$

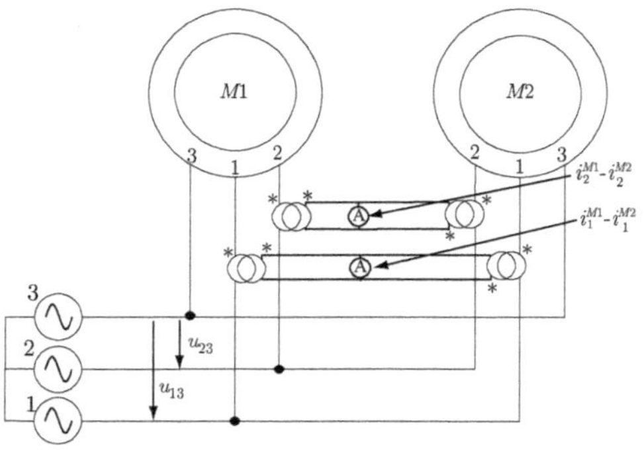

FIGURE 4.7 – Schéma de câblage pour la mesure de $(i_1^{M1} - i_1^{M2})$ et de $(i_2^{M1} - i_2^{M2})$.

d'où

$$\Delta P_{M12} = P_{M1} - P_{M2} = \frac{1}{T}\int_0^T \left(u_{13}(i_1^{M1} - i_1^{M2}) + u_{23}(i_2^{M1} - i_2^{M2})\right) dt \qquad (4.5)$$

Le schéma de la figure 4.7 présente la méthode pour la mesure de la différence des courants, qui nécessite d'utiliser des transformateurs d'intensité. Grâce à cette technique, nous faisons une seule mesure pour ΔP_{M12}. Nous pouvons supposer que l'incertitude calculée précédemment de $\pm 6.9\%$ est aussi applicable pour ΔP_{M12}, l'avantage est l'ordre de grandeur de ΔP_{M12} qui est beaucoup plus faible que celui de P_{M1} et P_{M2}. Ainsi, nous pouvons mesurer la différence des puissances avec une très faible erreur.

4.3.3 Résultats obtenus sur le Banc N°1

Les machines ont été testées désaccouplées à vide. La méthode différentielle a été utilisée pour mesurer la différence de puissances ΔP_0 entre les machines en prenant comme référence la machine $GO_{35}^{M}60°$ $\Delta P_0 = (P_0 NO_{65}^{M}$ ou $P_0 NO_{50}^{M}60°) - P_0 GO_{35}^{M}60°$. La figure 4.8 donne les mesures différentielles de ΔP_0 en fonction de la tension composée efficace d'alimentation U_s. On voit que celle qui consomme le plus d'énergie est NO_{65}^{M}, suivie par $NO_{50}^{M}60°$. Il est à noter que ΔP_0 évolue avec la tension. Cette évolution est logique car l'induction d'entrefer est liée à la tension d'alimentation ; donc plus la tension est élevée, plus le circuit magnétique est saturé. Nous avons vu au chapitre 2 que la différence entre un circuit classique NO et le GO décalé dépend de l'induction avec laquelle la machine travaille. Nous avons aussi montré que cette machine en particulier a été conçue pour avoir une induction d'entrefer très importante à tension nominale (environ 1 T-section 4.2.2). Les courbes de pertes totales P_0 et du courant total à vide I_{s0} sont présentées à la figure 4.9. Celles de P_0 sont tracées en utilisant les valeurs de P_0 mesurées avec $GO_{35}^{M}60°$, en ajoutant le ΔP_0 de chaque machine. Afin de mieux apprécier la différence des pertes par rapport à la machine $GO_{35}^{M}60°$, la différence relative des pertes et du courant en % ont été calculées suivant l'équation 4.6, ces grandeurs sont présentées à la figure 4.10. On note que la différence relative entre un circuit décalé GO et un NO classique augmente pour des valeurs

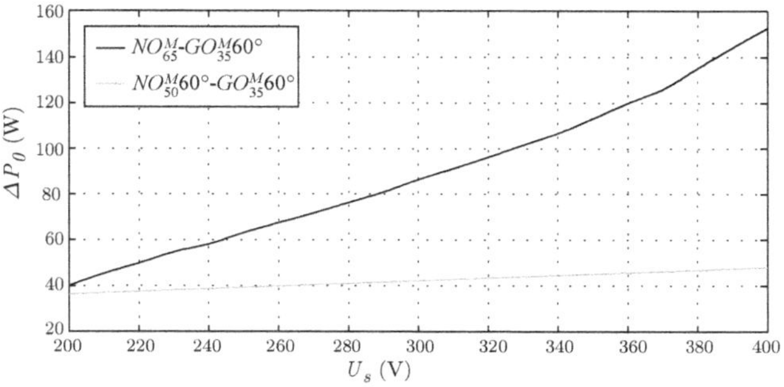

FIGURE 4.8 – Différence de puissances ΔP_0.

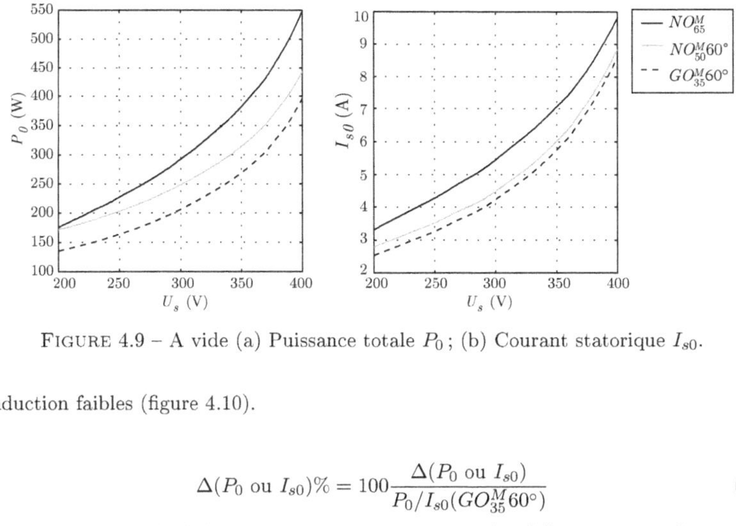

FIGURE 4.9 – A vide (a) Puissance totale P_0 ; (b) Courant statorique I_{s0}.

d'induction faibles (figure 4.10).

$$\Delta(P_0 \text{ ou } I_{s0})\% = 100\frac{\Delta(P_0 \text{ ou } I_{s0})}{P_0/I_{s0}(GO_{35}^{M}60°)} \tag{4.6}$$

Même sans un calcul de rendement, on constate que les différences entre la machine $GO_{35}^{M}60°$ et les autres sont très importantes. On peut attribuer cette différence en grande partie aux pertes fer et aux pertes par effet Joule dans les enroulements statoriques.

La différence constatée au niveau du courant magnétisant est très importante du point de vue industriel car il est bien connu que la puissance réactive des machines est une problématique importante. Les entreprises sont obligées parfois de placer des bancs de condensateurs afin de corriger leur facteur de puissance, ce qui est très onéreux. Une réduction du courant magnétisant ne veut pas dire seulement une amélioration du facteur

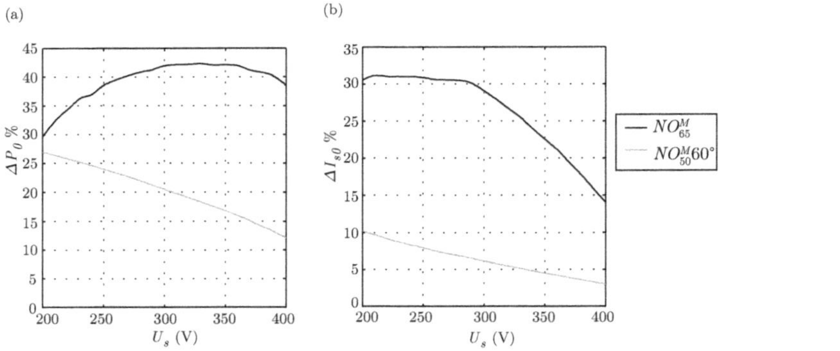

FIGURE 4.10 – (a) Différence de puissances en % $\Delta P_0(\%)$; (b) Différence des courants en % $\Delta I_{s0}(\%)$.

de puissance, mais aussi une réduction des pertes par effet Joule et de la chute de tension dans les enroulements statoriques et sur le réseau d'alimentation de la machine.

Ces résultats concernent les pertes et le courant à vide. En effet, les moteurs électriques tournent souvent à vide ou à des faibles charges, on peut donc conclure que le moteur GO serait plus performant qu'une machine NO dans ces conditions-là. Les pertes à pleine charge restent pour l'instant indéterminées, toutefois la norme (IEC-60034-2 2007) est utilisée pour estimer les pertes des trois machines en charge et leur rendement à la section 4.4.

4.4 Calcul du rendement selon la norme internationale CEI

La mesure différentielle ne s'applique pas en charge car, pour deux machines asynchrones accouplées mécaniquement à une génératrice, il est très difficile de distinguer les puissances mécaniques fournies par chacune des machines, que l'on peut difficilement supposer être égales compte tenu des différences de comportement liées au changement du circuit magnétique statorique. C'est pour cela que nous avons décidé d'utiliser la méthode des pertes séparées préconisée par la norme (IEC-60034-30 2008) pour le calcul de rendement en utilisant le schéma équivalent de la machine asynchrone. Dans cette section, cette procédure et les résultats des calculs pour le Banc N°1 sont exposés.

La figure 4.11 présente le schéma monophasé équivalent préconisé par la norme. r_s est la résistance d'un enroulement statorique, x_s la réactance de fuite statorique, X_μ la réactance magnétisante, R_μ la résistance permettant de caractériser les pertes fer, x'_r et r'_r sont respectivement la réactance de fuite et la résistance rotoriques ramenées au stator.

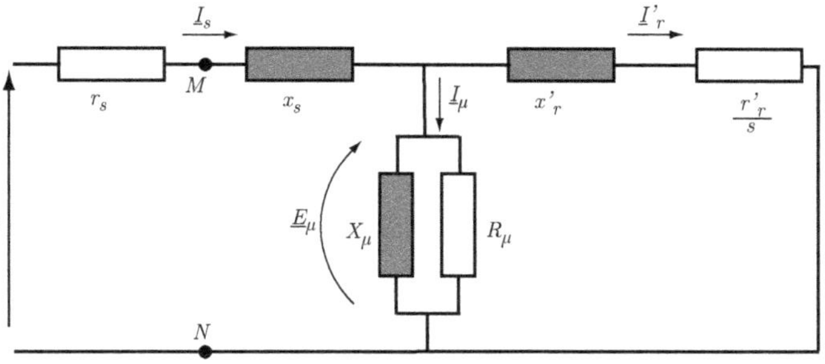

FIGURE 4.11 – Circuit équivalent d'une machine asynchrone d'après la norme (IEC-60034-2 2007)

	NO_{65}^{M}	$NO_{50}^{M}60°$	$GO_{35}^{M}60°$
$r_{s(0)}$	$0.403\,\Omega$	$0.42\,\Omega$	$0.405\,\Omega$
r_s	$0.555\,\Omega$	$0.578\,\Omega$	$0.558\,\Omega$

Tableau 4.5 – Valeurs mesurées $r_{s(0)}$ et corrigées r_s de la résistance statorique.

4.4.1 Mesures de base

Résistance statorique r_s

La norme précise qu'il faut faire une mesure de la résistance statorique $r_{s(0)}$ par la méthode voltampèremétrique à température ambiante (19 C°). Cette mesure doit être faite entre deux bornes statoriques à chaque fois. Ces mesures ont été réalisées selon la méthode à quatre pointes afin de ne pas être perturbé par la chute de tension sur les fils d'alimentation. Les résultats de ces mesures sont présentés au tableau 4.5. La machine d'origine a une isolation de classe F et la norme stipule qu'il faut corriger la résistance mesurée $r_{s(0)}$ pour la caractériser à une température de référence qui est fonction de la classe de l'isolation (classe F 115 C°). Pour un conducteur en cuivre ayant une valeur de $r_{s(0)}$ mesurée à une température $T_{(0)}$, sa valeur r_s à une température T est

$$r_s = \frac{235 + T}{235 + T_{(0)}} r_{s(0)} \tag{4.7}$$

Les valeurs de $r_{s(0)}$ sont présentées au tableau 4.5, avec $T_{(0)} = 19°$ et $T = 115°$.

Essais à vide et à rotor bloqué

Les essais classiques à rotor bloqué et à vide sont utilisés pour la détermination des différentes impédances. Le tableau 4.6 présente les grandeurs mesurées lors des essais à rotor bloqué où I_{scc} est le courant absorbé, U_{scc} la tension composée d'alimentation, Q_{cc} et P_{cc} les puissances réactive et active consommées au stator. Le tableau 4.7 présente les

	NO_{65}^{M}	$NO_{50}^{M}60°$	$GO_{35}^{M}60°$
I_{scc}	19.08 A	19.29 A	19.21 A
U_{scc}	67.56 V	74.18 V	72.86 V
Q_{cc}	1.998 kVAr	2.171 kVAr	2.161 kVAr
P_{cc}	1.011 kW	1.119 kW	1.094 kW

Tableau 4.6 – Résultats des essais à rotor bloqué.

	NO_{65}^{M}	$NO_{50}^{M}60°$	$GO_{35}^{M}60°$
I_{s0}	9.80 A	8.85 A	8.60 A
U_s	400 V	400 V	400 V
P_0	548.7 W	444.2 W	396.2 W

Tableau 4.7 – Résultats des essais à vide à 400 V/1 T.

valeurs mesurées à vide où I_{s0} est la valeur efficace du courant d'alimentation, U_s la valeur efficace de la tension composée d'alimentation, Q_0 la puissance réactive consommée et P_0 la puissance active. Comme notre but est de mettre en valeur la différence entre les machines, les résultats de la méthode différentielle sont utilisés pour les calculs (figures 4.9 (a) et (b) pour $U_s = 400\,\text{V}$) ce qui conduit à une induction crête d'entrefer de l'ordre du Tesla.

Détermination des pertes par ventilation et frottement

La norme spécifie que les pertes par ventilation et frottement (pertes mécaniques p_m) peuvent être déterminées par l'extrapolation linéaire des pertes constantes p_{cte}. Ces dernières sont calculées en enlevant les pertes Joule dans les enroulements statoriques à vide $p_{s(0)}$ des pertes totales à vide ($p_{cte} = P_0 - p_{s(0)}$), où $p_{s(0)} = 3(I_{s0})^2 r_{s(0)}$. L'extrapolation de p_{cte} est faite en fonction de la tension d'alimentation au carré, pour une tension de zéro Volt. La figure 4.12 présente l'extrapolation linéaire des pertes à vide pour la machine NO_{65}^{M}. En théorie, comme les rotors sont d'origine, donc supposés identiques d'un point de vue magnétique et électrique mais également concernant la ventilation et les roulements, chaque machine devrait être caractérisée par la même valeur de p_m : 92.08 W relevée sur la courbe de la figure 4.12. Afin de s'assurer que cette hypothèse est satisfaite, la méthode de ralentissement a été utilisée : Le test se déroule en alimentant une paire de machines en parallèle. L'alimentation des machines, fonctionnant à vide, est coupée. Si une des machine présentait plus de pertes mécaniques, elle devrait s'arrêter avant l'autre. Nous avons pu constater, à chaque fois, que les machines testées par paires s'arrêtaient quasiment en même temps.

Pertes fer

Les pertes fer sont définies par la norme comme la différence entre les pertes constantes et les pertes mécaniques pour la tension nominale $P_{fe} = p_{cte}(400\,\text{V}) - p_m$. Le calcul des pertes fer a été réalisé pour chaque machine, avec la valeur moyenne de r_s. Cette procédure est justifiée car les machines devraient avoir théoriquement des conducteurs identiques. Le

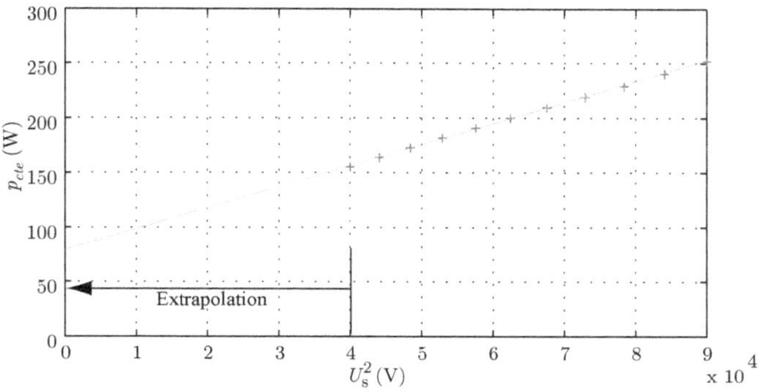

FIGURE 4.12 – Extrapolation linéaire des pertes.

tableau 4.8 présente les valeurs calculées de $P_{fe}M_{1\,\mathrm{T}}$ à tension nominale (400 V/1 T) :

	NO_{65}^{M}	$NO_{50}^{M}60°$	$GO_{35}^{M}60°$
$P_{fe}M_{1\,\mathrm{T}}$	338.16 W	237.2 W	213.05 W

Tableau 4.8 – Pertes fer.

4.4.2 Eléments du circuit équivalent

Réactances

La norme stipule que x_s/x'_r, le rapport entre les réactances de fuite statorique et rotorique, doit être connu. Cette valeur ne pouvant pas être déterminée avec précision, nous avons choisi une valeur arbitraire de 1 pour la valeur initiale, elle est ensuite corrigée par une méthode itérative.

Pour la réalisation de ces calculs, il faut des valeurs initiales : $X_{\mu ini}$ et x_{sini} qui sont calculés suivant les équations 4.8 et 4.9, où E_μ est la valeur efficace de la f.e.m interne du bobinage statorique et Q_μ la puissance réactive consommée par l'inductance magnétisante. $N\omega$ représente la somme des réactances x_s et x'_r.

On note que les relations 4.8 et 4.9 donnent juste une valeur initiale pour un calcul itératif. On part de l'hypothèse que l'impédance magnétisante est connectée aux points M et N de la figure 4.11, et que toute la puissance réactive à vide est consommée par $X_{\mu ini}$. Dans le cas de la relation 4.9 on suppose que toute la puissance réactive est consommée par x_s et x'_r

$$E_\mu = \sqrt{(U_s/\sqrt{3} - I_{s0} r_s \cos\varphi)^2 + (I_{s0} r_s \sin\varphi)^2}$$
$$Q_0 = Q_\mu = \sqrt{(\sqrt{3} I_{s0} U_s)^2 - P_0^2}$$
$$X_{\mu ini} = \frac{E_\mu^2}{Q_\mu/3} \tag{4.8}$$

où

$$\cos\varphi = \frac{P_0}{\sqrt{3} U_s I_{s0}}$$
$$N\omega = \frac{Q_{cc}/3}{I_{scc}^2}$$
$$x_{sini} = 0.5\ N\omega \tag{4.9}$$

Le calcul[25] de X_μ, de x_s et x'_r est fait à partir des mesures des essais en court-circuit et à vide suivant les équations 4.10 et 4.11. Ce calcul doit être fait en plusieurs itérations jusqu'à avoir une différence entre deux calculs consécutifs de 0.1%.

$$X_\mu = \frac{3(U_s/\sqrt{3})^2}{Q_0 - 3(I_{s0})^2 x_s} \frac{1}{\left(1 + \frac{x_s}{X_\mu}\right)^2} \tag{4.10}$$
$$x_s = \frac{Q_{cc}}{3 I_{scc}^2 \left(1 + \frac{x_s}{x'_r} + \frac{x_s}{X_\mu}\right)} \left(\frac{x_s}{x'_r} + \frac{x_s}{X_\mu}\right) \tag{4.11}$$

Résistance caractérisant les pertes fer statoriques

La résistance qui caractérise R_μ est calculée suivant l'équation 4.12.

$$R_\mu = \frac{3(U_s/\sqrt{3})^2}{P_{fe}} \frac{1}{\left(1 + \frac{x_s}{X_\mu}\right)^2} \tag{4.12}$$

Résistance rotorique ramenée au stator

est calculé suivant l'équation 4.13.

$$r'_r = \left(\frac{P_{cc}}{3 I_{scc}^2} - r_s\right)\left(1 + \frac{x'_r}{X_\mu}\right)^2 - \left(\frac{x'_r}{x_s}\right)^2 \frac{x_s^2}{R_\mu} \tag{4.13}$$

Eléments du circuit pour chaque machine du Banc N°1

Les éléments du circuit équivalent ont été calculés pour chaque machine avec la valeur moyenne de r_s.

25. Toutes les relations utilisées sont issues de la norme.

	r_s	r'_r	R_μ	X_μ	x_s	x'_r
NO_{65}^{M}	$0.56\,\Omega$	$0.387\,\Omega$	$435.80\,\Omega$	$22.65\,\Omega$	$0.9507\,\Omega$	$0.8796\,\Omega$
$GO_{35}^{M}60°$	$0.56\,\Omega$	$0.452\,\Omega$	$695.57\,\Omega$	$25.88\,\Omega$	$1.01\,\Omega$	$0.940\,\Omega$
$NO_{50}^{M}60°$	$0.56\,\Omega$	$0.468\,\Omega$	$623.46\,\Omega$	$25.11\,\Omega$	$1.00\,\Omega$	$0.936\,\Omega$

Tableau 4.9 – Eléments du circuit équivalent.

4.4.3 Calcul du rendement

La norme donne des instructions spécifiques pour le calcul des différentes grandeurs en fonction du glissement s. Cette procédure commence par le calcul de l'impédance totale du circuit :

$$Z_r = \sqrt{\left(\frac{r'_r}{s}\right)^2 + {x'_r}^2} \qquad Y_{r\mu} = \sqrt{\left(\frac{r'_r/s}{Z_r^2} + \frac{1}{R_\mu}\right)^2 + \left(\frac{x'_r}{Z_r^2} + \frac{1}{X_\mu}\right)^2}$$

$$R_{r\mu} = \frac{\frac{r'_r/s}{Z_r^2} + \frac{1}{R_\mu}}{Y_{r\mu}^2} \qquad X_{r\mu} = \frac{\frac{x'_r}{Z_r^2} + \frac{1}{X_\mu}}{Y_{r\mu}^2}$$

L'impédance résultante à l'entrée est

$$R_t = r_s + R_{r\mu} \qquad X_t = x_s + X_{r\mu}$$

$$Z_t = \sqrt{R_t^2 + X_t^2}$$

Grandeurs calculées

Les différentes grandeurs sont déterminées comme :

$I_s = \dfrac{U_s}{\sqrt{3}Z_t}$	Courant de phase du stator
$I'_r = I_s \dfrac{1}{Y_{r\mu} Z_r}$	Courant de phase du rotor
$P_\delta = 3{I'_r}^2 \dfrac{r'_r}{s}$	Puissance d'entrefer
$P_{fe} = 3{I_s}^2 \dfrac{1}{Y_{r\mu}^2 R_\mu}$	Pertes dans le fer
$p_s = 3I_s^2 r_s$	Pertes dans l'enroulement statorique
$p_r = 3{I'_r}^2 r'_r$	Pertes dans l'enroulement rotorique
$P_T = p_s + P_{fe} + p_r + p_m$	Pertes totales
$P_1 = 3{I_s}^2 R_t$	Puissance d'entrée
$P_u = P_1 - P_T$	Puissance utile
$\eta = \dfrac{P_u}{P_1}$	Rendement
$\cos\varphi = \dfrac{R_t}{Z_t}$	Facteur de puissance

4.4.4 Caractéristiques

La figure 4.13 (a) présente I_s et P_{fe} en fonction de s. On peut voir que la machine $GO_{35}^{M}60°$ consomme mois de courant que la machine NO_{65}^{M} pour les différentes valeurs de glissement étudiées. En ce qui concerne la machine $GO_{35}^{M}60°$ et $NO_{50}^{M}60°$, les deux machines présentent des valeurs très proches. Cette réduction peut être attribuée à une réduction des Ampère-tour consommés par le fer et à la réduction des pertes fer. D'autre part, au niveau de P_{fe} (figure 4.13 (b)), la machine $GO_{35}^{M}60°$ présente 100 W de moins que la machine NO_{65}^{M} et 20 W que la machine $NO_{50}^{M}60°$.

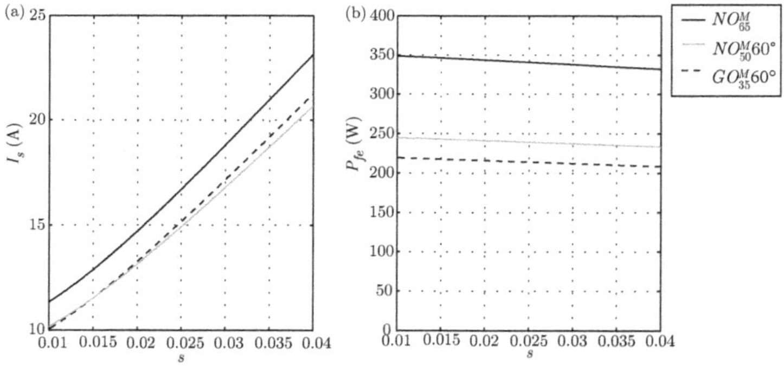

FIGURE 4.13 – (a) Courant d'entrée I_s ; (b) Pertes fer P_{fe}.

Au niveau des pertes par effet Joule dans les enroulements rotoriques et statoriques, la figure 4.14 nous montre que la machine qui présente le moins de pertes de ce type est la machine $GO_{35}^{M}60°$ suivie de la machine $NO_{50}^{M}60°$ et de la machine NO_{65}^{M}. Ceci est une conséquence directe de la réduction du courant d'entrée.

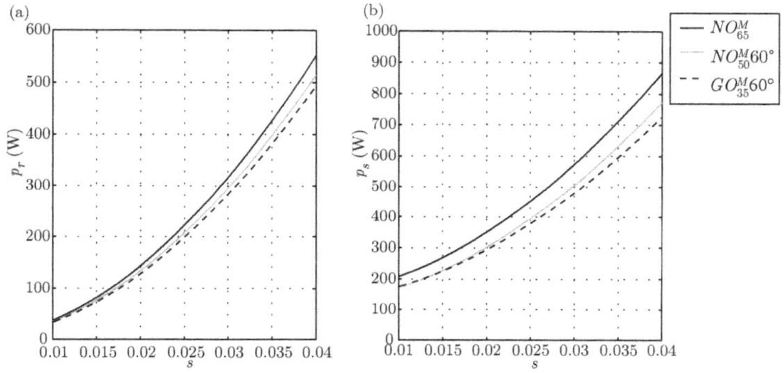

FIGURE 4.14 – (a) Pertes dans l'enroulement rotoriques p_r ; (b) Pertes dans l'enroulement statoriques p_s.

La figure 4.15 (a) présente la puissance utile en fonction du glissement. On peut voir que pour des fortes valeurs de glissement, la machine NO_{65}^{M} présente légèrement plus de puissance utile que les autres. Cependant, pour des faibles valeurs de glissement, les trois machines présentent des valeurs très similaires. En ce qui concerne le rendement, nous pouvons apprécier à la figure 4.15 (b) le gain de 1 point à $s = 4\%$ et de 2 points à $s = 2\%$, si on compare la machine NO_{65}^{M} et la $GO_{35}^{M}60°$. Ce résultat est très important si l'on tient compte du fait que les machines de ce type sont très souvent surdimensionnées dans les différentes applications industrielles. Elles tournent donc très souvent à des faibles valeurs de glissement.

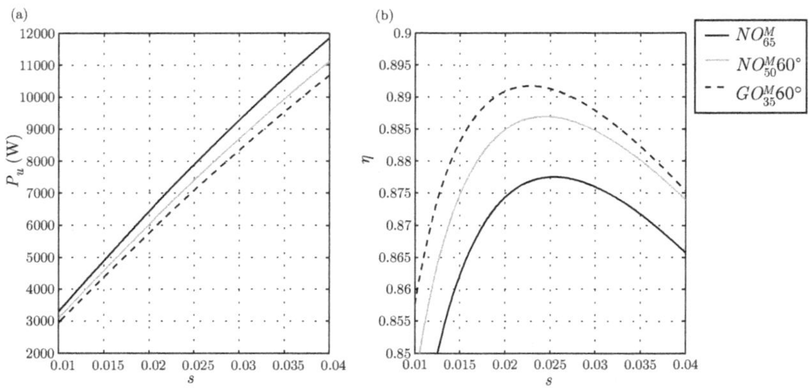

FIGURE 4.15 – (a) Puissance utile P_u ; (b) Rendement η.

4.4.5 Résultats avec le banc N°2

Lors que nous avons testé les machines du banc N°2 (figure 4.1) nous nous sommes aperçus que les courants mesurés à vide étaient proches du courant nominal. Nous avons donc démonté les machines et nous nous sommes aperçus :

1. qu'il y avait un problème au niveau de la découpe des "encoches" rotoriques destinées à recevoir les barres de la cage d'écureuil. La zone à la base des dents avait une section beaucoup plus faible que les tôles d'origine. Magnétiquement cela se traduit par une saturation locale très prononcée.
2. que l'entrefer pour ces machines du banc N°2 était plus important que celui d'origine (de l'ordre de 0.5 mm). En fait, cet écart se justifie assez simplement car la découpe laser, dans ce cas, consistait à générer simultanément les tôles statoriques et rotoriques. La précision de la découpe ne pouvait donc être garantie avec un entrefer minimal de 0.35 mm (c'est pour cette raison que les moteurs statiques comportent un entrefer de 0.5 mm). Par conséquent cette découpe a affecté le diamètre d'alésage du stator et le diamètre extérieur du rotor.

Nous avons donc décidé d'utiliser des rotors d'origine (ceux du banc N°1). Cependant, comme les tôles statoriques ont également été affectées (entrefer supérieur à 0.35 mm), nous avons comparé entre elles les structures $GO_{35}^M90°$ $NO_{50}^M60°$ $GO_{35}^M60°$ sachant que les performances seraient dégradées par rapport au banc N°1. A titre d'exemple, la figure 4.16 présente les valeurs mesurées pour le courant magnétisant en considérant les configurations $NO_{50}^M60°$ et $GO_{35}^M60°$ du banc N°1 (figure 4.16 (a)) et du banc N°2 (figure 4.16 (b)). Nous avons, pour déterminer les différents caractéristiques, utilisé la même procédure que celle utilisée au banc N°1.

Puissance utile : La figure 4.17 présente la puissance utile calculée P_u pour chaque machine. On peut voir que toutes les courbes sont pratiquement superposées. Cette particularité implique que les valeurs de X_μ et R_μ, qui sont les éléments qui varient le plus entre les différentes machines, n'ont presque pas d'influence sur la puissance utile de la machine.

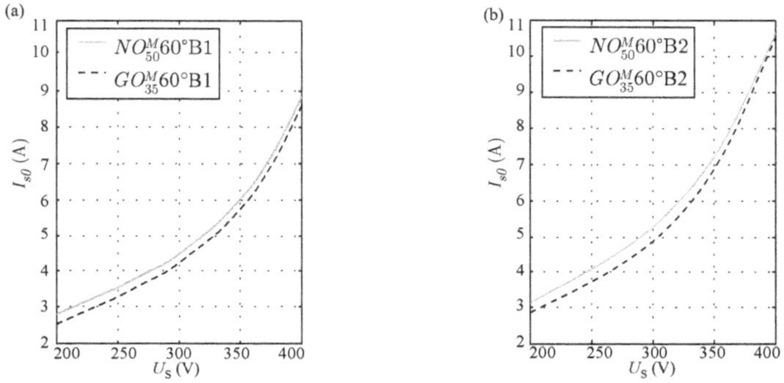

FIGURE 4.16 – Courant à vide : (a) Banc 1 ; (b) Banc 2.

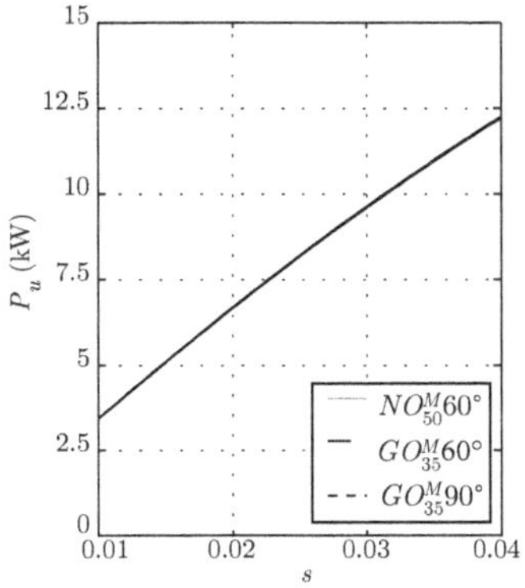

FIGURE 4.17 – Puissance utile P_u

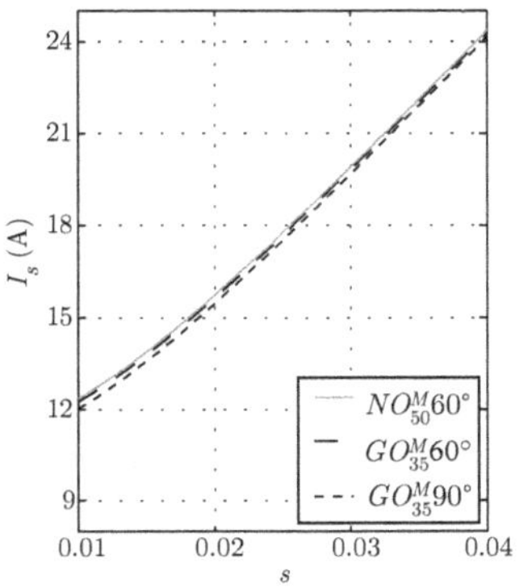

FIGURE 4.18 – Courant statorique I_s

Cela signifie que le fait d'utiliser un circuit magnétique GO n'aura pas de répercutions négatives sur la performance mécanique de la machine. Les machines ont été conçues pour une puissance nominale de 10 kW. Cette puissance est atteinte pour un glissement de 3%.

Courant de phase du stator : Le courant statorique des différentes machines a été calculé. La figure 4.18 présente ces grandeurs. On peut voir qu'il existe une légère réduction de I_s avec la machine $GO^M_{35}90°$. Cette réduction est due à la valeur de X_μ qui est légèrement supérieure pour $GO^M_{35}90°$ (tableau 4.9). On peut attribuer l'augmentation de X_μ à la haute perméabilité du GO.

Pertes Fer : La figure 4.19 présente les pertes fer calculées P_{fe}. On peut voir que les deux machines GO présentent des valeurs assez proches de P_{fe}, avec une différence d'environ 35 W entre la machine $NO^M_{50}60°$ et les GO, ce qui représente une réduction d'environ 15%. Il faut noter que les machines sont dimensionnées pour avoir une induction d'entrefer très importante, ce qui explique pourquoi on voit peu de différence entre $GO^M_{35}90°$ et $GO^M_{35}60°$.
Quand on réalise le même calcul pour une induction crête d'entrefer moins importante (0.87 T), la différence de P_{fe} est beaucoup plus significative avec un écart de 60 W entre $GO^M_{35}90°$ et $NO^M_{50}60°$, ce qui équivaut à une réduction de 46% ($P_{fe}(GO^M_{35}90°) \cong 130$ W et $P_{fe}(NO^M_{50}60°) \cong 190$ W). A l'annexe A et au tableau 1.5 on voit qu'à 50 Hz, le NO que l'on a testé (M 400-50 A 0.5 mm d'épaisseur) est une des nuances NO qui présente de faibles pertes spécifiques. Celles-ci sont proches à celles présentées par les nuances NO de 0.35 mm d'épaisseur à cause de la prépondérance des pertes statiques (section 1.3.2). On peut donc conclure qu'une machine fabriquée avec du NO épais de 0.35 mm n'aurait pas présenté une grande différence concernant les pertes à 50 Hz par rapport à ce qu'on a obtenu avec les machines NO^M_{65} et $NO^M_{50}60°$. On peut voir que les résultats obtenus confirment ceux des expérimentations avec les différentes maquettes (chapitre 2 et 3) qui montrent que le décalage de 90° est le plus performant.

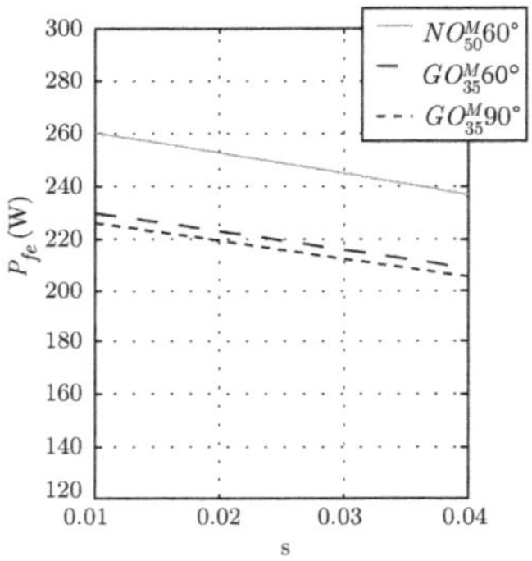

FIGURE 4.19: Pertes fer P_{fe}

Facteur de puissance : La figure 4.20 présente les résultats des calculs concernant le facteur de puissance. On note une amélioration de ce dernier dans le cas de la machine $GO^M_{35}90°$. Cette différence est attribuée à l'augmentation de X_μ, qui est, dans le cas de $GO^M_{35}90°$, légèrement supérieure, toutefois la présence d'un entrefer, gros consommateur d'Ampère-tours, limite les effets de la haute perméabilité du GO.

Rendement : Un aspect primordial des machines électriques est le rendement η (section 1.1.3). Ce dernier a été calculé pour les différentes machines en fonction de s (figure 4.21). On peut voir qu'il existe une différence nette entre les machines GO et NO. Les valeurs de η, calculées pour un glissement de 3% (puissance nominale) et à glissement réduit (2%), sont présentées aux tableaux 4.10. On peut voir qu'à induction et puissance nominales, la machine $GO^M_{35}90°$ présente 0.37 points supplémentaires comparé à la machine

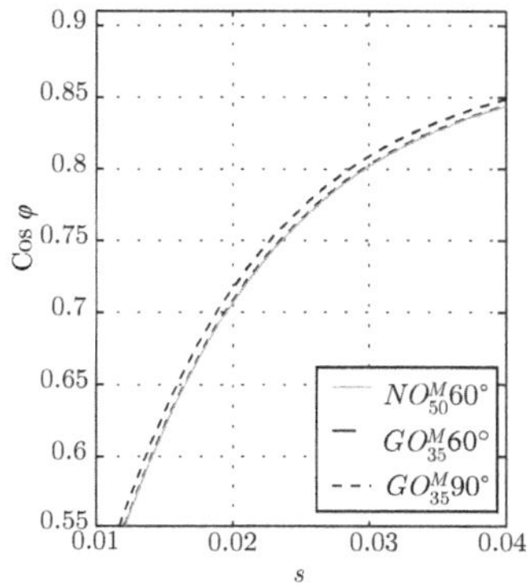

FIGURE 4.20 – Facteur de puissance $\cos\varphi$

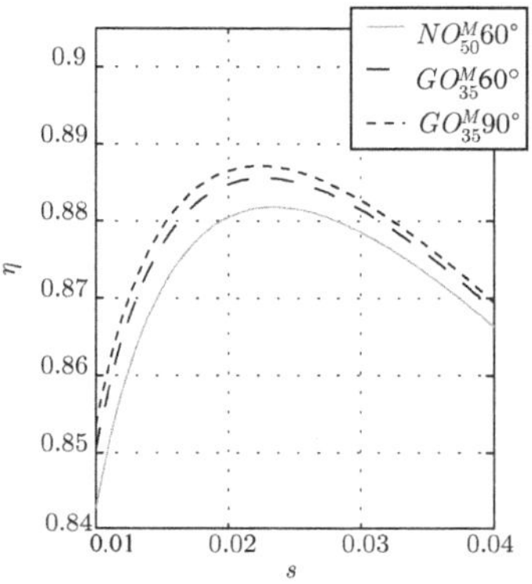

FIGURE 4.21 – η en fonction de s

$NO^M_{50}60°$. Cette valeur passe à 0.55 points à $s = 2\%$. Cette différence est faible mais significative par rapport à l'écart entre "standard" et "haut" rendement de 2.3 points (pour une machine de 10 kW). Cependant, en imposant un niveau d'induction d'entrefer moins fort (0.87 T), la différence entre ces deux machines est de 0.84 points à glissement nominal et de 1.23 points à 2%. L'amélioration du rendement obtenue grâce à l'utilisation du GO décalé pourrait être augmentée en utilisant d'autres techniques de réduction de pertes, comme l'utilisation de roulements de meilleure qualité ou la réduction de l'induction d'entrefer. Ces possibilités seront étudiées à la section 5.

Afin de pouvoir comparer la machine $GO^M_{35}90°$ avec la machine ordinaire NO^M_{65}, compte tenu des différences au niveau de l'alésage, les résultats des essais concernant le premier groupe de machines ont été utilisés pour le calcul de rendement des moteurs $GO^M_{35}60°$, $NO^M_{50}60°$ et NO^M_{65}. Ce calcul a été réalisé par une méthode similaire à celle expliquée au début de cette section. Une fois leur rendement calculé, le rendement du moteur $GO^M_{35}90°$ a été estimé par l'addition de la différence entre le $GO^M_{35}60°$ et $GO^M_{35}90°$ présenté à la figure 4.21. On peut voir à la figure 4.22 que la différence entre le moteur $GO^M_{35}90°$ et la machine ordinaire NO^M_{65} se trouve entre 1.5 points et 3 points pour un glissement de 4% et 2% respectivement. Signalons que l'écart sur le rendement entre le $GO^M_{35}60°$ et $GO^M_{35}90°$ (figure 4.21) est sous estimé dans la mesure où un entrefer plus important se traduit pa un courant magnétisant plus grand conduisant à une chute de

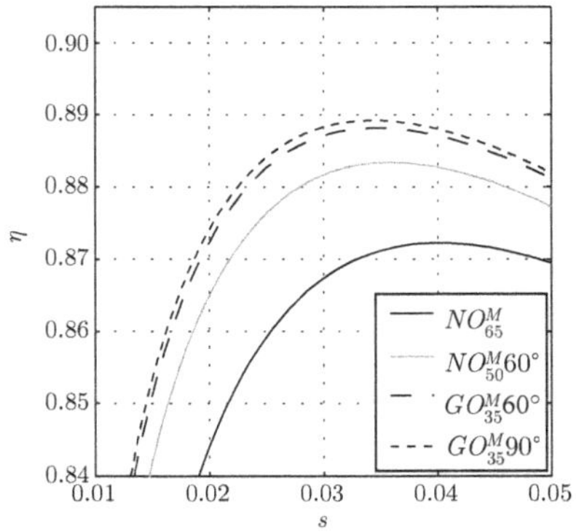

FIGURE 4.22: η en fonction de s

	$GO_{35}^{M}90°$	$GO_{35}^{M}60°$	$NO_{50}^{M}60°$
$s = 3\%$ (Puissance nominale)	88.27%	88.15%	87.9%
$s = 2\%$*	88.65%	88.48%	88.1%

*Valeurs de η prises de la figure 4.21.

Tableau 4.10 – Valeurs de rendement.

tension dans l'impédance $r^s + jx^s$ plus importante, minimisant de ce fait l'accroissement des performances générées par le décalage de 90°.

4.4.6 Conclusion sur les expérimentations avec des machines asynchrones

Aux chapitres 2 et 3, on a montré qu'excité en champ tournant et unidirectionnel un circuit magnétique construit avec une structure décalée GO est plus performant qu'un circuit GO non-décalé et qu'un circuit classique NO. Nous avons constaté que l'angle de décalage optimal est 90°, cela a été justifié grâce à des mesures locales et aux résultats trouvés lors d'une modélisation utilisant un réseau de réluctances non-linaire.

Dans ce chapitre, nous avons testé la structure décalée GO sous des conditions réelles de fonctionnement. Ceci a été réalisé en remplaçant les circuits magnétiques statoriques de trois machines à induction identiques de 10 kW par trois différents circuits : Un GO_{35} décalé de 90° afin de voir les performances de l'angle optimal de décalage, un GO_{35} décalé de 60° afin de voir la différence entre l'angle optimal et un autre angle de décalage et un fait avec du NO_{50} qui est une nuance NO de haute qualité. Ces machines sont comparées à la machine d'origine.

Afin d'avoir une bonne précision lors de la comparaison des différents moteurs, une méthode différentielle de mesure a été utilisée. Celle-ci permet de mesurer directement la différence entre les puissances consommées par deux machines. Des essais à différentes tensions ont été réalisés, montrant qu'il existe un gain non négligeable grâce au GO décalé, et que ce gain varie en fonction de l'induction d'entrefer. Les résultats de ces essais ont montré qu'à vide entre 0.6 T et 0.9 T d'induction crête d'entrefer (valeurs courantes dans l'industrie), la machine $GO_{35}^{M}90°$ présente entre 20% et 50% de moins de pertes que les machines NO et entre 10% et 30% de moins de pertes que la machine $GO_{35}^{M}60°$. Ces résultats sont intéressants compte tenu du fait que, dans les applications réelles, les machines tournent souvent à vide ou à des faibles glissements.

Nous nous sommes intéressés aussi aux performances en charge. Cependant lors d'une mesure sous ces conditions, la séparation précise des pertes est très difficile à réaliser. De plus, le fait de mesurer la charge en même temps que les pertes entrainerait des imprécisions de mesure qui fausseraient la différence entre les moteurs. Nous avons donc décidé d'utiliser la méthode stipulée par la norme (IEC-60034-30 2008) pour le calcul de rendement en utilisant le schéma équivalent de la machine asynchrone. Cette méthode, couplée à la mesure différentielle, permet de calculer les caractéristiques (pertes, courants, ...) des machines en mettant l'accent sur leurs différences.

Les résultats des calculs concernant les pertes fer sont très cohérents vis-à-vis de ce qui a été présenté au chapitre 2 et 3. La machine $GO_{35}^{M}90°$ présente moins de pertes fer que les autres machines et cette différence varie en fonction de l'induction d'entrefer imposée. En ce qui concerne le rendement, la différence entre le moteur $GO_{35}^{M}90°$ et la machine ordinaire NO_{65}^{M} se trouve entre 1.5 et 3 points pour un glissement de 4% et 2% respectivement.

La réduction des pertes globales résulte essentiellement de celle des pertes fer (pour 80% environ), le reste étant principalement imputable aux pertes Joule (eviron 15% su stator et de l'ordre de 5% au rotor).

5

Perspectives

Moteurs à haut rendement : Grâce à différents moyens expérimentaux, nous avons montré qu'un circuit magnétique ayant des tôles GO décalées présente, à masse donnée, moins de pertes fer et moins de courant magnétisant qu'un circuit classique composé de tôles NO (chapitre 2).

On peut supposer que pour ajouter des points supplémentaires de rendement, il est possible d'utiliser une des techniques classiques pour leur augmentation. On pourrait envisager l'utilisation de roulements de meilleure qualité ; on a vu que les pertes mécaniques et par ventilation de notre machine sont d'environ 74 W. De plus, si on utilise de la mécanique de meilleure qualité, on pourrait réduire légèrement l'épaisseur de l'entrefer, ce qui entraînerait une réduction du courant magnétisant et une réduction des pertes par effet Joule.

On pourrait aussi envisager une augmentation de la taille de la machine afin de réduire davantage l'induction crête d'entrefer. Dans la relation de l'équation 5.1 (Bouchard & Olivier 1997), où D est le diamètre d'entrefer, L la longueur de fer, S la puissance apparente de la machine, p le nombre de paires de pôles, K_1^s le coefficient de bobinage, $\hat{b}_e^M$ l'induction crête d'entrefer, f la fréquence d'alimentation, on peut voir que la puissance de la machine est proportionnelle au carré de D et proportionnelle à $\hat{b}_e^M$ et L, ce qui veut dire que réduire l'induction de la machine impliquerait une augmentation de D ou L pour une puissance donnée. Cette technique est largement utilisée pour la fabrication de moteurs à haut rendement (McCoy et al. 1993).

$$D^2 L = \frac{Sp}{A\pi K_1'^s \hat{b}_e^M f} \tag{5.1}$$

avec,

$$K_1'^s = \frac{K_1^s \pi}{\sqrt{2}}$$

La réduction de $\hat{b}_e^M$ entraînerait une réduction des pertes fer proportionnelle au carré de cette réduction, grâce à la relation quadratique qui existe entre les pertes fer et l'induction dans le fer (section 1.3).

L'utilisation de cuivre à la place d'aluminium dans les barres rotoriques peut aussi contribuer à une augmentation du rendement (Casteras et al. 2007)), (Kwangsoo et al. 2009). L'utilisation d'un matériau moins résistif induirait une réduction des pertes par effet Joule rotoriques et donc une augmentation du rendement.

De plus, on pourrait utiliser une nuance GO plus fine afin de contribuer à la réduction des pertes fer dynamiques. Utiliser des tôles légèrement plus grandes et plus fines est une technique largement utilisée pour la fabrication de moteurs à haut rendement (McCoy et al. 1993).

Application à d'autres types de machine :

Les raisonnements précédents concernent essentiellement des moteurs asynchrones. Toutefois on peut penser obtenir des conclusions similaires avec des machines synchrones ou bien des machines à réluctance variable. Certains alternateurs de forte puissance utilisent déjà des tôles GO découpées en segments, mais ce n'est pas le cas d'alternateurs plus petits utilisés, par exemple, dans les éoliennes. L'amélioration de leur rendement peut être envisagée avec la technique de décalage des tôles présentée ici.

D'autre part dans les transports on tend à augmenter la fréquence et la vitesse des moteurs afin de réduire leur taille. Il est clair que ce procédé influence négativement les pertes fer. On peut penser que notre technique, qui permet de les diminuer, serait alors très intéressante. D'autres études sont nécessaires pour le vérifier. De même, on peut s'interroger sur l'influence du décalage des tôles sur les pertes fer supplémentaires dues à l'alimentation en modulation de largeur d'impulsion, largement utilisée pour la variation de vitesse (Seo et al. 2009), (Roshen 2005).

Bruit et vibrations :

Le bruit est un sujet très important pour les applications industrielles des machines électriques, on cherche de plus en plus à fabriquer des moteurs moins bruyants. Parmi les sources de bruits en vibrations, il y a les phénomènes électromagnétiques. Nous avons réalisé des mesures préliminaires de bruit qui ont montré que grâce au décalage des tôles, le bruit magnétique est réduit.

Conclusion Générale

Le contexte du travail présenté dans cette thèse est un sujet qui a pris de plus en plus d'importance dans le monde, il s'agit de l'augmentation du rendement des machines électriques. En effet, on se soucie de plus en plus de la façon dont on utilise l'énergie à cause de la raréfaction des ressources énergétiques et de la volonté de la communauté internationale de réduire les émissions de gaz à effet de serre. Les machines électriques présentent différentes types de pertes et il existe plusieurs méthodes pour les réduire. Dans cette thèse, nous proposons une nouvelle technique pour la réduction des pertes fer grâce à l'utilisation d'un circuit magnétique fabriqué avec de l'acier à Grains Orientés (GO).

L'acier GO est très souvent utilisé dans la fabrication de transformateurs à haut rendement, il est rarement employé pour la fabrication de machines tournantes de faible et moyenne puissance à cause de sa forte anisotropie. En effet, ce matériau présente des caractéristiques magnétiques très intéressantes dans le sens de laminage, cependant dans les autres directions, il présente des caractéristiques aussi mauvaises que celles de l'acier à grains non-orientés (NO) voire moins avantageuses. A cause de cette particularité, l'acier GO est seulement utilisé dans des applications où il est aimanté dans le sens de laminage comme les transformateurs et les machines à très grande puissance où les tôles utilisées sont segmentées.

Le circuit magnétique proposé est basé sur une structure particulière présentée au chapitre 2. Le principe consiste à décaler les tôles les unes par rapport aux autres d'un angle constant. Ce décalage permet de répartir les direction de haute perméabilité dans plusieurs endroits du circuit. En effet, grâce à ce principe, le flux magnétique s'instaure dans le circuit en optimisant son parcours. Plusieurs circuits magnétiques construits avec la structure décalée sont testés premièrement en champ unidirectionnel, en utilisant des tôles en forme de couronne statorique ; puis en champ tournant, utilisant des prototypes ayant une géométrie proche de celle d'un moteur conventionnel.

Les essais en champ unidirectionnel montrent que globalement, les circuits construits avec de l'acier GO décalé présentent des caractéristiques magnétiques beaucoup plus intéressantes que celles d'un circuit non-décalé et que celles d'un circuit courant fait avec de l'acier NO. Les résultats globaux obtenus en champ unidirectionnel sont ensuite analysés d'une manière locale au moyen de plusieurs essais. Ces derniers illustrent la façon dont le flux est réparti dans la structure décalée. Grâce à cette approche, nous avons constaté que le flux a une forte tendance à s'instaurer dans les directions de haute perméabilité. Ce qui explique les bonnes caractéristiques du circuit GO décalé.

Afin d'étudier davantage les phénomènes locaux, un modèle de réseau de réluctances non-linéaires est utilisé. Ce dernier, validé par les résultats expérimentaux, montre comment le flux est distribué dans la structure. A partir de cette répartition locale du flux, les pertes fer engendrées par ce dernier sont calculées ainsi que la consommation locale d'ampère-tours. Ces deux facteurs sont en fait à l'origine des performances de la structure décalée, et permettent de déduire l'angle optimal de décalage.

Une fois la structure décalée testée en champ unidirectionnel et les résultats globaux justifiés, il fallait étudier l'influence que pourrait avoir une excitation en champ tournant sur cette structure. En effet, dans les moteurs électriques, l'excitation est réalisée en champ tournant et il est difficile de savoir si ce type d'excitation allait avoir un effet négatif sur les résultats constatés lors de l'expérimentation en champ unidirectionnel. Pour cela, des prototypes ayant une géométrie proche de celle d'une machine tournante alimentés en triphasé ont été testés. Les résultats trouvés sont cohérents avec ceux de l'expérimentation en champ unidirectionnel et montrent que la présence du champ tournant n'a pas d'influence négative sur le circuit magnétique GO.

Finalement, afin de tester la structure décalée dans des vraies conditions de fonctionnement, plusieurs machines ayant différents circuits magnétiques sont testées et comparées au chapitre 4. Les machines testées étaient identiques à la base, ayant toutes des circuits magnétiques construits avec des tôles NO. Trois d'entre eux ont été remplacés par des noyaux à base de tôles GO et un avec des tôles NO de haute qualité.

Une méthode différentielle de mesure est utilisée afin de quantifier avec précision l'écart entre les puissances et les courants consommés par les machines. Les résultats des essais ont montré qu'il existe une différence importante, notamment vis-à-vis des pertes fer, entre les moteurs ayant des tôles NO et ceux construits avec du GO. Les résultats de la méthode différentielle sont ensuite utilisés pour calculer les caractéristiques en charge de chaque machine (méthode des pertes séparées selon la norme IEC). Ces calculs montrent qu'il existe une augmentation non négligeable de rendement, qui est plus prononcé à glissement réduit. L'augmentation du rendement est due à une réduction considérable des pertes fer (environ 40%) et à une légère réduction du courant magnétisant.

L'influence de l'utilisation d'une nuance d'acier GO plus fine est abordée au chapitre 5. En effet, les pertes fer peuvent être réduites davantage grâce à l'utilisation d'une telle nuance et qu'utiliser des tôles GO et d'autres techniques pour l'augmentation du rendement peut être une méthode supplémentaire pour la fabrication de moteurs à haut rendement.

Cette étude pourrait être étendue à certains alternateurs, aux machines à réluctance variable, aux machines alimentées en MLI et au machines à grande vitesse.

Annexes

A

Courbes de pertes spécifiques NO

Courbes tirées du catalogue de ThyssenKrupp Steel AG:

Pertes spécifiques pour NO de 0.35mm d'épaisseur

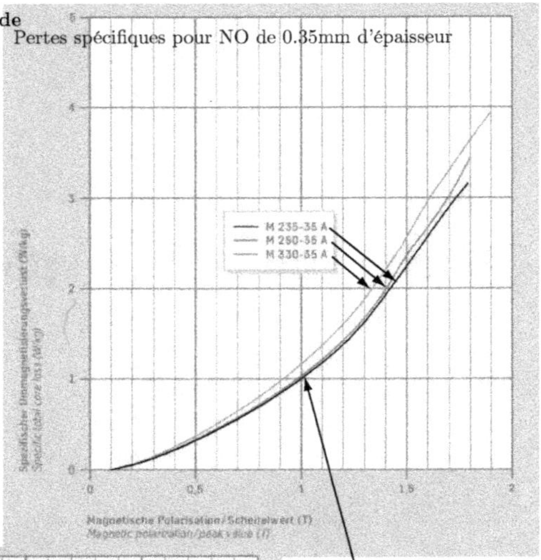

Pertes spécifiques pour NO de 0.50mm d'épaisseur

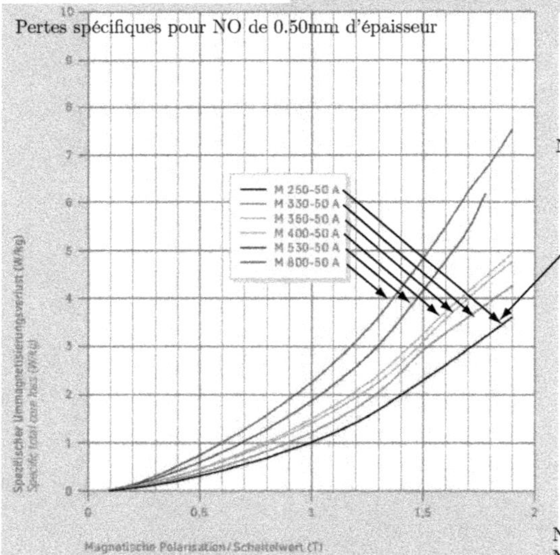

Nuances équivalentes à 50Hz.

N.B: Il existe d'autres nuances NO à 0.35mm.

Courbes tirées du catalogue de ThyssenKrupp Steel AG:

Courbes d'aimantation pour NO de 0.35mm d'épaisseur

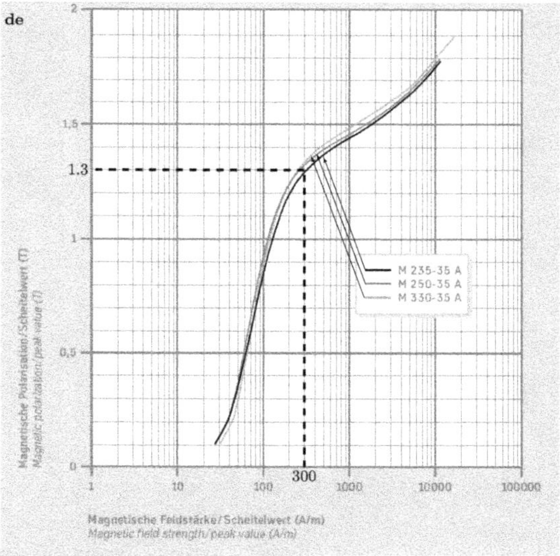

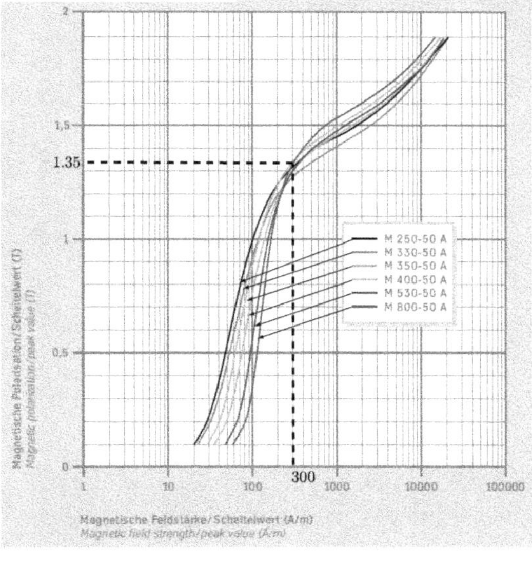

Courbes d'aimantation pour NO de 0.50mm d'épaisseur

N.B: Il existe d'autres nuances NO à 0.35mm.

B

Plans

Afin d'avoir le détail de la géométrie utilisée dans chacune des manipulations, cette annexe présente les plans des différentes maquettes et pièces utilisées.

Liste de plans présentés dans cette annexe :

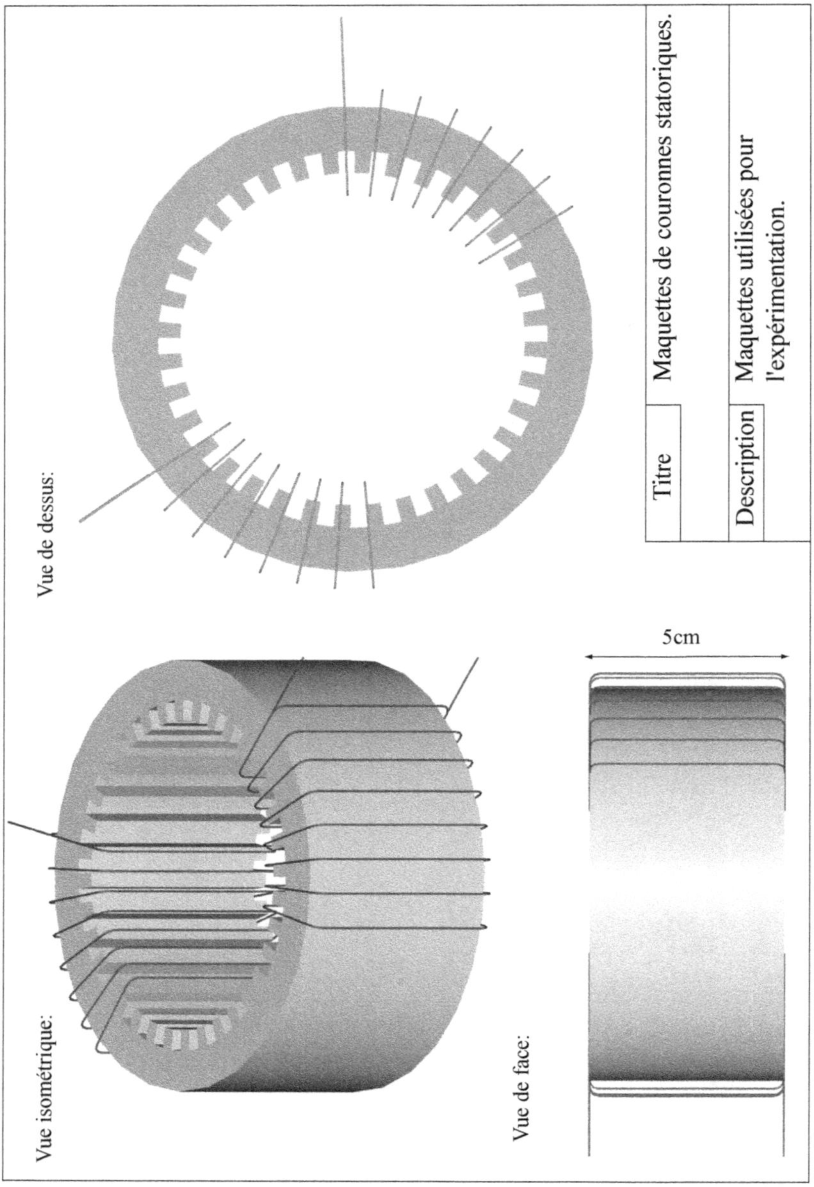
Vue isométrique:
Vue de dessus:
Vue de face:
5cm
Titre
Maquettes de couronnes statoriques.
Description
Maquettes utilisées pour l'expérimentation.

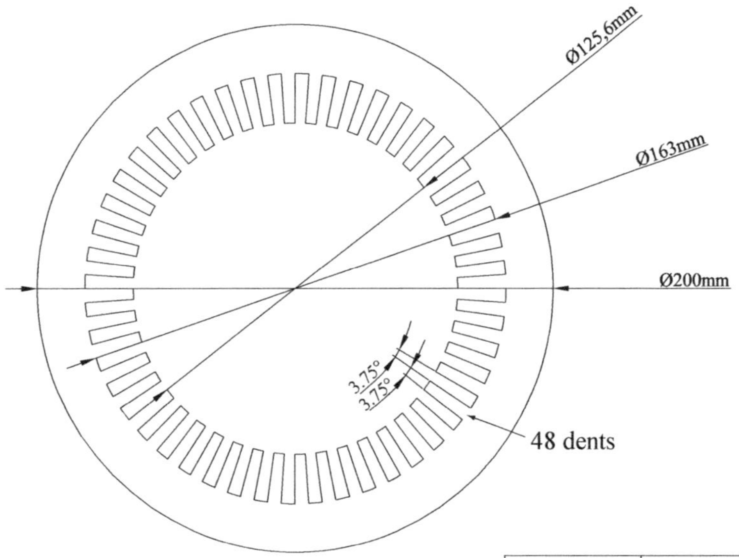

Titre	Tôle-Couronne statorique
Description	Tôle utilisée pour la fabrication des couronnes statoriques. Echelle: 1:2.

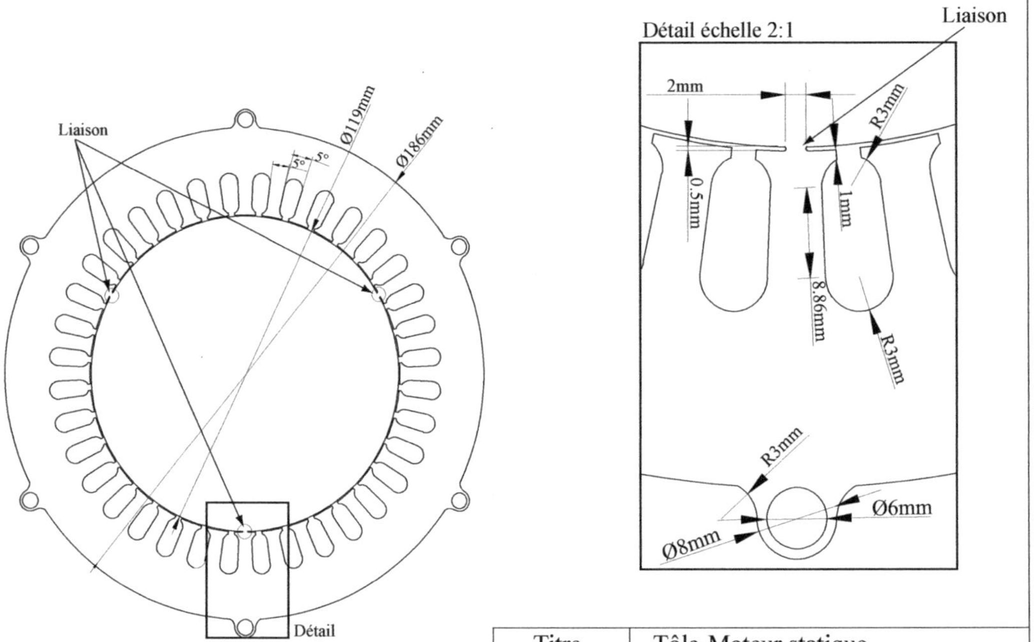

Titre	Tôle-Moteur statique
Description	Tôle utilisée pour la fabrication des moteurs statiques. Echelle: 1:2.

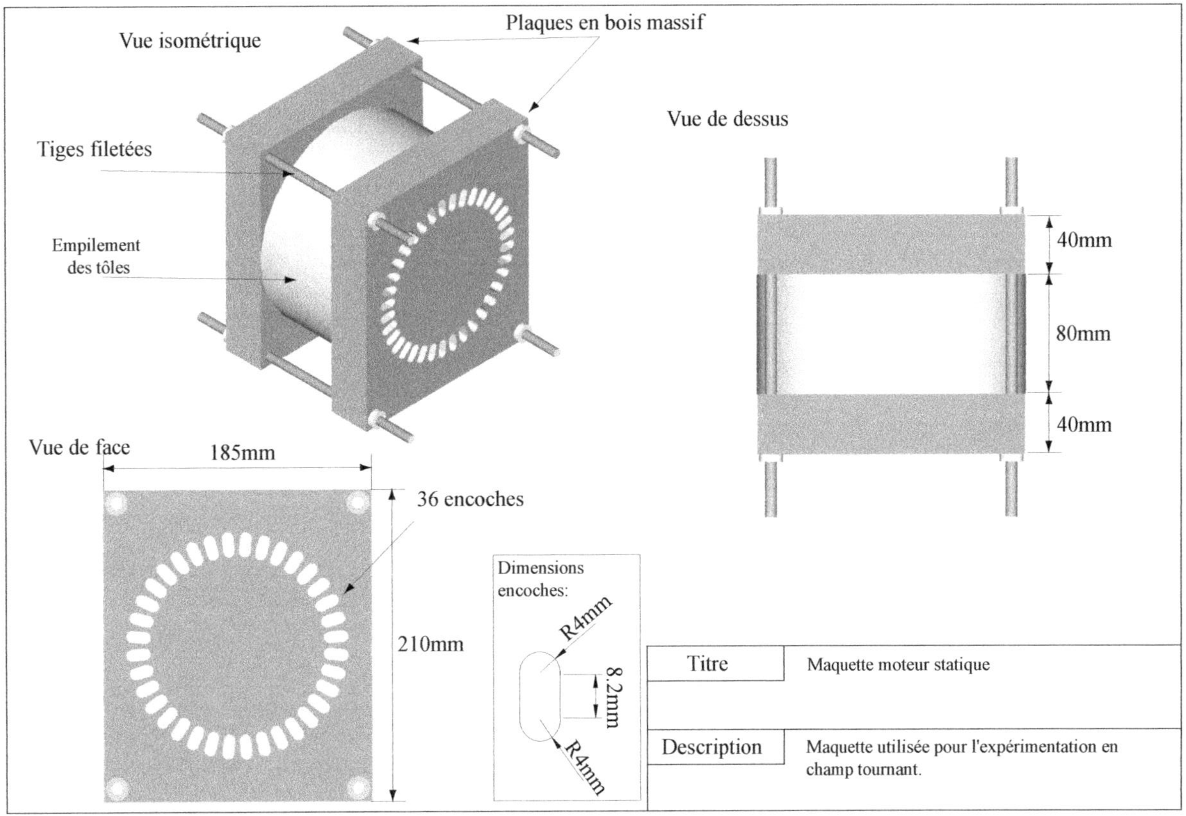
Vue isométrique
Plaques en bois massif
Tiges filetées
Empilement
des tôles
Vue de dessus
40mm
80mm
40mm
Vue de face
185mm
36 encoches
210mm
Dimensions
encoches:
R4mm
8.2mm
R4mm
Titre
Maquette moteur statique
Description
Maquette utilisée pour l'expérimentation en
champ tournant.

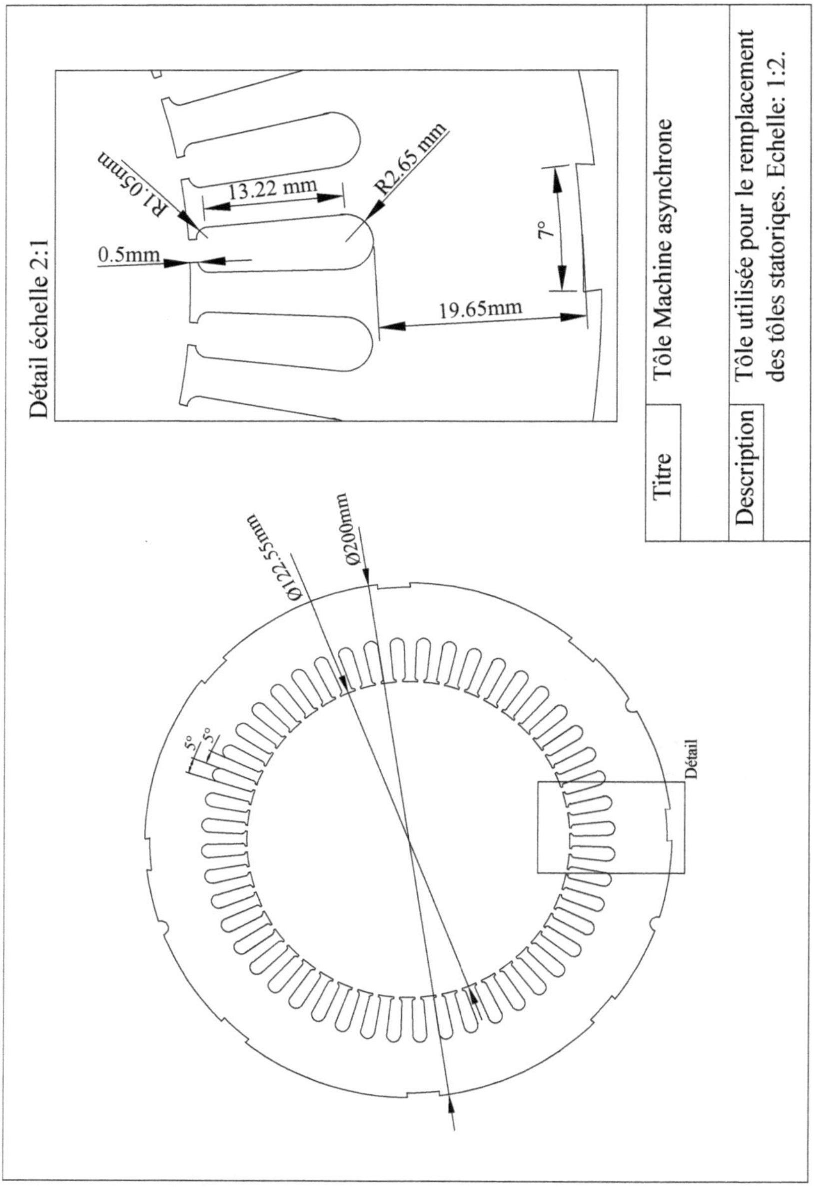
Détail échelle 2:1
R1.05mm
13.22 mm
R2.65 mm
0.5mm
7°
19.65mm
Ø122.55mm
Ø200mm
5°
5°
Détail
Titre
Tôle Machine asynchrone
Description
Tôle utilisée pour le remplacement des tôles statoriqes. Echelle: 1:2.

C

Modèle par éléments finis

Afin d'estimer l'influence de qui peut avoir la prise en considération du revêtement isolant dans le modèle numérique de la section 2.4, un modèle simplifié a été mis en œuvre. Ce dernier a été réalisé utilisant un modèle magnéto statique anisotrope dans le logiciel de calcul par éléments finis Flux2D.

Description

La géométrie prise en considération est une version simplifiée de celle du modèle de la section 2.4. La figure C.1 présente les six tôles prises en considération avec leurs dimensions. On y voit que chacune des tôles est divisée en trois différentes parties auxquelles ont attribuera des caractéristiques magnétiques particulières. Ces caractéristiques suivent l'évolution de α_{th} pour chaque valeur de β présentée à la section 2.2. Nos nous sommes basés sur cette évolution pour donner aux différentes parties des caractéristiques magnétiques spécifiques.

$\alpha_{th}=0°$ ou $\alpha_{th}=0°$	$\alpha_{th}=45°$ ou $\alpha_{th}=30°$	$\alpha_{th}=90°$ ou $\alpha_{th}=60°$
$\alpha_{th}=90°$ ou $\alpha_{th}=60°$	$\alpha_{th}=45°$ ou $\alpha_{th}=30°$	$\alpha_{th}=0°$ ou $\alpha_{th}=0°$
$\alpha_{th}=0°$ ou $\alpha_{th}=60°$	$\alpha_{th}=45°$ ou $\alpha_{th}=90°$	$\alpha_{th}=90°$ ou $\alpha_{th}=60°$
$\alpha_{th}=90°$ ou $\alpha_{th}=0°$	$\alpha_{th}=45°$ ou $\alpha_{th}=30°$	$\alpha_{th}=0°$ ou $\alpha_{th}=60°$
$\alpha_{th}=0°$ ou $\alpha_{th}=60°$	$\alpha_{th}=45°$ ou $\alpha_{th}=30°$	$\alpha_{th}=90°$ ou $\alpha_{th}=0°$
$\alpha_{th}=90°$ ou $\alpha_{th}=60°$	$\alpha_{th}=45°$ ou $\alpha_{th}=90°$	$\alpha_{th}=0°$ ou $\alpha_{th}=0°$

d=0.35 mm
l_{tole}=3 mm
e_{iso}=0.003mm

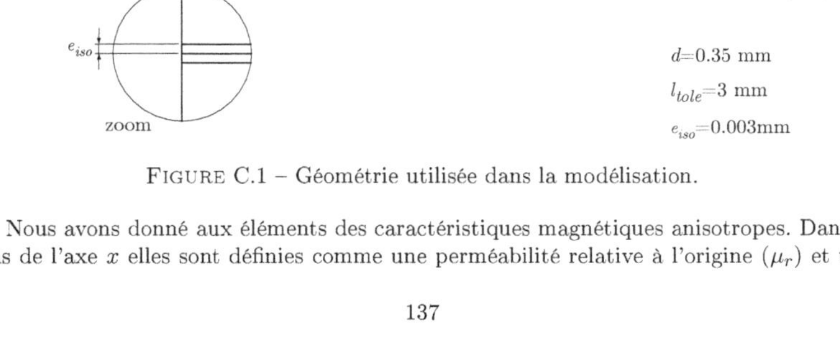

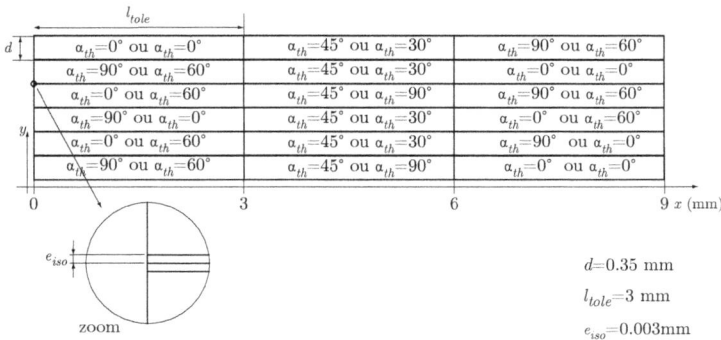

FIGURE C.1 – Géométrie utilisée dans la modélisation.

Nous avons donné aux éléments des caractéristiques magnétiques anisotropes. Dans le sens de l'axe x elles sont définies comme une perméabilité relative à l'origine (μ_r) et une

	$\alpha_{th} = 0°$	$\alpha_{th} = 30°$	$\alpha_{th} = 45°$	$\alpha_{th} = 60°$	$\alpha_{th} = 90°$
μ_r	8488	6631.5	6121	4681	4188
$\hat{b}_s$	1.84	1.35	1.3	1.22	1.36

Tableau C.1 – Perméabilité à l'origine et induction à saturation.

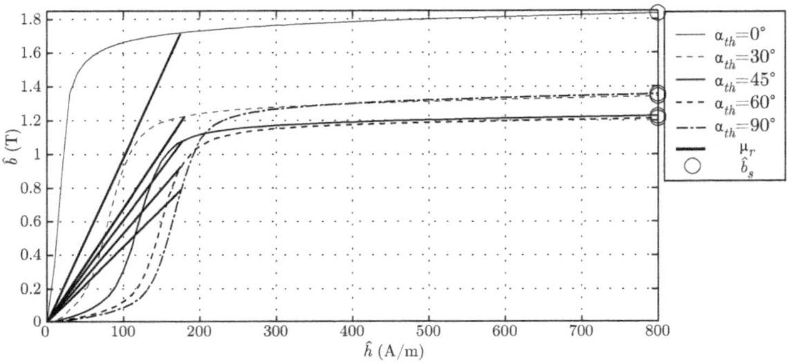

FIGURE C.2 – Caractéristiques magnétiques des éléments modélisés.

valeur d'induction crête à saturation $\hat{b}_s$. Nous nous sommes basés sur les résultats des essais expérimentaux réalisés au cadre Epstein à 50 Hz présentés à la figure C.2 pour déterminer ces grandeurs. D'autre part, dans le sens de l'axe y, comte tenu du travail présenté dans (Hihat et al. 2010a), nous avons imposé une perméabilité relative constante de 60 qui caractérise les tôles d'acier GO dans le sens normal avec une induction à saturation de 2 T. Dans les régions correspondantes à l'isolant, une perméabilité relative isotrope de 1 a été imposée.

Au niveau du maillage, nous avons utilisé un nombre total de 150000 nœuds, en prêtant attention à introduire suffisamment d'éléments dans la couche isolante. Au niveau des conditions limites, nous avons imposé un flux constant qui entre de l'extrémité gauche de la géométrie et qui sort par la droite du domaine. Nous avons étudié deux cas, l'un où l'induction moyenne imposée est de 0.5 T et l'autre de 1 T. Nous avons fait un total de 8 modélisations : Avec et sans isolant pour $\beta = 90°$ et $\beta = 60°$ à 0.5 T et 1 T d'induction moyenne imposée.

Résultats

Afin d'évaluer l'influence de l'isolant nous avons l'analysé de la carte d'induction magnétique qui montre la façon dont l'induction est distribuée à l'intérieur de la structure. En effet, dans le modèle de la section 2.4 nous nous sommes intéressés principalement à ce facteur, les figures C.3, C.4, C.5 et C.6 présentent la carte d'induction sur les différents modèles réalisés.
On peut voir que la répartition du flux magnétique dans les différentes tôles est légèrement

influencée par la présence de l'isolant.

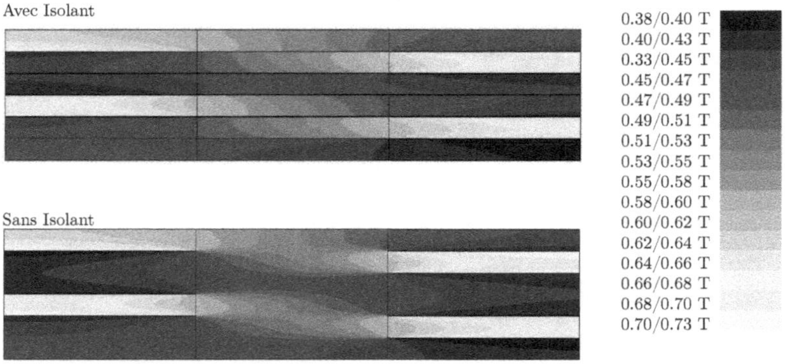

FIGURE C.3 – Carte du module de l'induction pour $\beta = 60°$ à 0.5 T

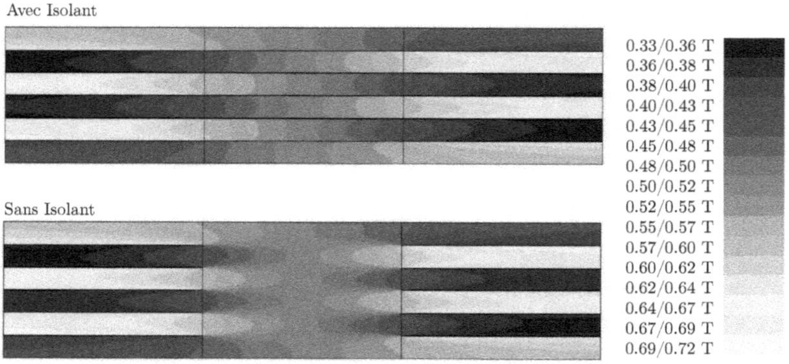

FIGURE C.4 – Carte du module de l'induction pour $\beta = 90°$ à 0.5 T

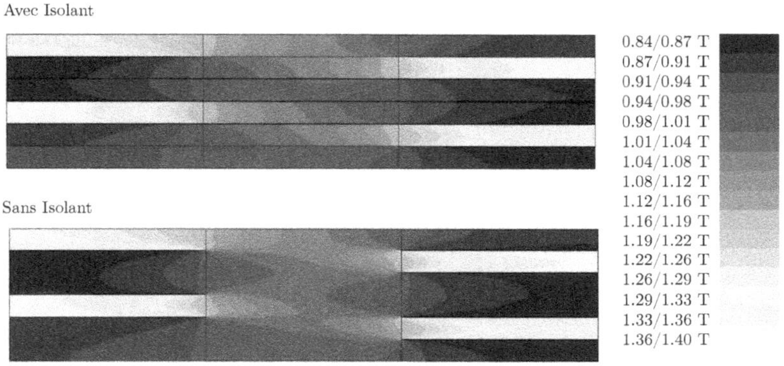

FIGURE C.5 – Carte du module de l'induction pour $\beta = 60°$ à 1 T

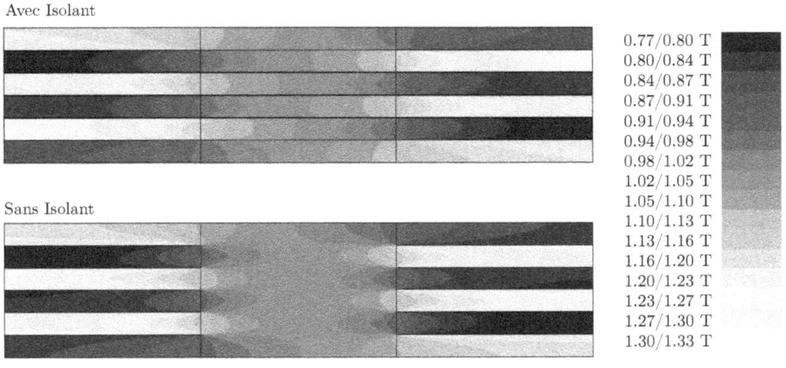

FIGURE C.6 – Carte du module de l'induction pour $\beta = 90°$ à 1 T

D

Pertes fer en champ tournant-Moteurs statiques

Il nous a semblé intéressant, de dresser un parallèle entre champs alternatif et tournant de manière à pouvoir apprécier le gain éventuel que peut nous amener le dispositif d'association des tôles proposé en termes de pertes fer sur une machine électrique tournante et, plus particulièrement, une machine asynchrone. Notons qu'en champ unidirectionnel, les calculs sont très classiques. Nous nous proposons néanmoins de les exposer afin de présenter la démarche utilisée qui sera mise en œuvre pour les champs tournants. La complexité des phénomènes magnétiques qui caractérisent les machines électriques à courants alternatifs font, qu'au niveau de ces pertes fer, nous ne considérerons que les pertes statiques et les pertes dynamiques qui résultent des courants de Foucault globaux.

D.1 Cas d'un champ unidirectionnel

Nous allons, pour cette présentation et afin ce valider certains résultats, reprendre les couronnes statoriques présentées à la figure 2.7. Comme le flux n'a aucune raison de pénétrer dans les dents nous allons, pour notre approche, considérer un tore de section rectangulaire de hauteur $\wp^s_{cm}$ comme présenté à la figure 1 où sont précisées les principales dimensions. La hauteur de culasse, qui correspond à la partie du circuit magnétique derrière les dents, est notée h^c_s : $h^c_s = R^s_{ext} - R^s_{cint}$. Le fer constituant le circuit magnétique sera supposé isotrope de sorte que les lignes de champ suivent un trajet circulaire. Il en résulte que la composante tangentielle de l'induction se confond avec le vecteur induction lui-même $\vec{b}^c_s$ (composante normale nulle).

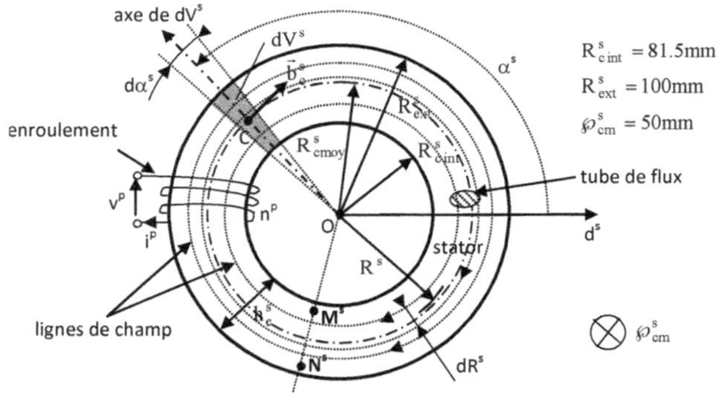

FIGURE D.1 – Schématisation de la couronne statorique

L'étude est réalisée en supposant qu'une tension v_p à évolution temporelle sinusoïdale de pulsation ω (fréquence f) est appliquée à l'enroulement d'excitation de n_p spires : $v_p = \hat{v}_p \cos(\omega t)$. Nous noterons i_p le courant qui parcourt cet enroulement, Ψ_p le flux qu'il embrasse et r_p sa résistance. L'équation électrique qui régit le fonctionnement de ce circuit s'écrit :

$$v_p = r_p i_p + \frac{d\Psi_p}{dt} \tag{D.1}$$

En négligeant la chute de tension ohmique, il apparaît que Ψ_p est à évolution temporelle sinusoïdale de valeur crête : $\hat{\Psi}_p = \hat{v}_p/\omega$. Le fait de négliger les fuites magnétiques permet d'exprimer Ψ_p en fonction de du flux φ_s^c qui circule dans le circuit magnétique en utilisant des relations plus ou moins complexes.

D.1.1 Distribution uniforme de l'induction

Supposons h_s^c petit devant R_{cint}^s de sorte qu'il est possible d'admettre que les niveaux d'induction en M_s et N_s sont les mêmes. Cette hypothèse permet de considérer une distribution uniforme de l'induction b_c^s sur la section S_{cm} du circuit magnétique. b_c^s peut s'exprimer par : $b_c^s = \hat{b}_c^s \sin(\omega t)$. Ce point souligne la particularité qui caractérise les champs unidirectionnels avec distribution uniforme, à savoir que tous les points du circuit magnétique sont soumis à la même induction à un instant t donné. A l'instant $t + \Delta t$, cette propriété reste vérifiée avec un niveau d'induction différent qui évolue sinusoïdalement à la pulsation en fonction du temps. Ce cas simple conduit à : $\Psi_p = n_p b_c^s S_{cm}$ avec $S_{cm} = k_f^s \wp_{cm}^s h_s^c$. k_f^s représente le coefficient de foisonnement qui prend en compte la différence entre sections nette et brute du circuit magnétique qui résulte de l'assemblage mécanique des tôles mais également de leur revêtement isolant. Ce coefficient est de l'ordre de 0.96. Il en résulte l'équation D.2.

Pertes fer dynamiques Le calcul des pertes fer dynamiques est réalisé en considérant un volume dV^s logé dans le fer statorique, compris dans un angle $d\alpha^s$ et situé à une abscisse angulaire α^s d'une référence fixe d^s comme indiqué à la figure D.1. Ce volume présente une épaisseur qui s'identifie à celle d d'une tôle. Pour simplifier les développements, les calculs seront réalisés en considérant le plan développé de la structure ce qui permet d'associer au volume initial un parallélogramme de largeur constante et égale à $R_{cmoy}^s d\alpha^s$ où R_{cmoy}^s représente le rayon moyen de la culasse. Considérons une spire fictive (partie grisée) centrée au sein de ce volume (point C) comme présenté à la figure D.2.

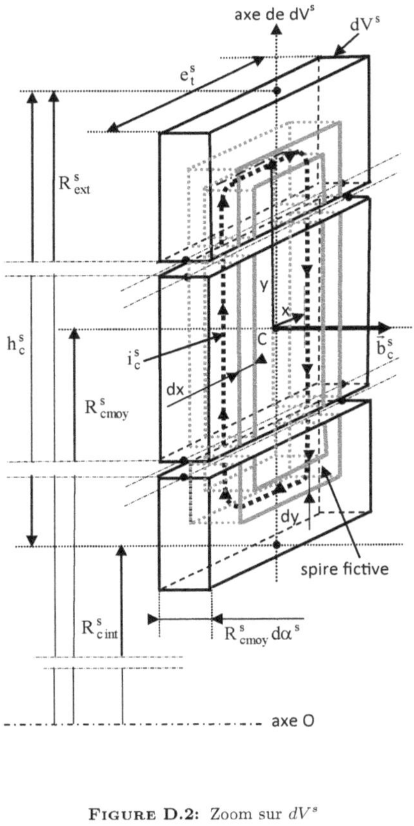

FIGURE D.2: Zoom sur dV^s

$$\hat{b}_c^s = \frac{\hat{v}_p}{\omega n_p k_f^s \wp_{cm}^s} \tag{D.2}$$

Les côtés horizontaux de cette spire sont distants du centre C de $\pm y$ avec une longueur moyenne de $2x$ et une section égale à $dyR_{cmoy}^s d\alpha^s$. Les côtés verticaux, distants de C de $\pm x$, ont une longueur moyenne de $2y$ et une section qui vaut $dxR_{cmoy}^s d\alpha^s$. Pour que le volume dV^s puisse résulter de l'assemblage de plusieurs spires concentriques à celle qui vient d'être décrite, il convient, entre les variables x et y ainsi qu'entre les quantités dx et dy, de satisfaire l'égalité :

$$\frac{x}{y} = \frac{dx}{dy} = \frac{d}{h_s^c} \tag{D.3}$$

L'onde d'induction unidirectionnelle b_c^s dans le circuit magnétique, dont la valeur crête est donnée par l'équation D.2, peut être représentée par le vecteur $\vec{b_s^c}$ comme indiqué à la figure D.2. Ce vecteur présente un module variable avec le temps mais conserve une direction fixe. La spire fictive embrasse un flux Ψ_{spire} qui s'exprime par :

$$\Psi_{spire} = 4b_c^s xy \tag{D.4}$$

Ce flux engendre dans cette spire une f.e.m conformément à la relation : $e_{spire} = \frac{-\Psi_{spire}}{dt}$ e_{spire} est donc à évolution temporelle sinusoïdale de pulsation ω et de valeur crête $\hat{e}_{spire}$ égale à : $\hat{e}_{spire} = 4\vec{b_s^c}\omega xy$. La puissance p_{spire} dissipée par effet Joule dans cette spire résulte de : $p_{spire} = \hat{e}_{spire}^2/2r_{spire}$ où r_{spire} représente la résistance de cette spire. En notant ρ la conductivité du matériau, il vient : $r_{spire} = \frac{4\rho}{R_{cmoy}^s d\alpha^s}\left[\frac{y}{dx} + \frac{x}{dy}\right]$.
Les égalités définies par D.3 permettent d'exprimer $\hat{e}_{spire}$ et r_{spire} uniquement en fonction de x et de dx :

$$\begin{aligned} \hat{e}_{spire} &= 4\hat{b}_c^s \omega \frac{h_s^c}{d} x^2 \\ r_{spire} &= \frac{4\rho}{R_{cmoy}^s d\alpha^s}\left[\frac{h_s^{c2}+d^2}{h_s^c d}\right]\frac{x}{dx} \end{aligned} \tag{D.5}$$

On en déduit donc que :

$$p_{spire} = 2\hat{b}_c^{s2}\omega^2 \frac{h_s^{c3} R_{cmoy}^s}{\rho\left[h_s^{c2}+d^2\right]d} x^3 dx d\alpha^s$$

La puissance $p_{dV^s(dyn)}$ due aux effets dynamiques consommée par dV^s est donnée par :

$$p_{dV^s(dyn)} = \int_{x=0}^{x=\frac{d}{2}} p_{spire}$$

On obtient donc :

$$p_{dV^s(dyn)} = 2\hat{b}_c^{s2}\omega^2 \frac{h_s^{c3} R_{cmoy}^s d\alpha^s}{\rho\left[h_s^{c2}+d^2\right]d}\left[\frac{x^4}{4}\right]_0^{\frac{d}{2}}$$

soit :

$$p_{dV^s(dyn)} = \hat{b}_c^{s2}\omega^2 \frac{h_s^{c3} R_{cmoy}^s d^3}{32\rho\,[h_s^{c2} + d^2]} d\alpha \qquad \text{(D.6)}$$

Comme généralement : $h_s^c >> d$

$$p_{dV^s(dyn)} = \hat{b}_c^{s2}\omega^2 \frac{h_s^c R_{cmoy}^s d^3}{32\rho} d\alpha \qquad \text{(D.7)}$$

Notons que la simplification qui conduit à définir $p_{dV^s(dyn)}$ par D.7 se résume tout simplement à négliger les pertes Joule consommées dans les tronçons horizontaux des différentes spires. On trouve des approches très similaires dans la littérature avec des coefficients numériques qui peuvent légèrement différer. Par exemple dans la référence (Brissoneau 1997), c'est le coefficient numérique 24 au lieu de 32 qui apparaît. Ceci est tout simplement dû au fait que l'auteur, qui néglige également les pertes Joule dans les tronçons horizontaux, considère des spires fictives qui ont toutes la même longueur h_s^c. En fait, cette différence, en ce qui nous concerne, n'est pas un problème car notre objectif est de comparer les pertes fer, notamment dynamiques, en champs unidirectionnel et tournant ; par conséquent ce qui importe c'est d'utiliser toujours la même démarche. Comme dans une tôle il y a $2\pi/d\alpha^s$ volumes dV^s et que le nombre de tôles est peu différent de $k_f^s \wp_{cm}^s/d$, le nombre total n_{dV^s} de volumes dV^s est égal à :

$$n_{dV^s} = \frac{2\pi k_f^s \wp_{cm}^s}{d d\alpha^s} \qquad \text{(D.8)}$$

La puissance totale $P_{c(dyn)}^{s(\approx)}$ consommée dans le fer statorique due aux effets dynamiques engendrés par un champ unidirectionnel (symbole $\approx$), résulte du produit de celle consommée par dV^s par n_{dV^s}. En introduisant la fréquence : $\omega = 2\pi f$, on aboutit à :

$$P_{c(dyn)}^{s(\approx)} = C_{c(dyn)}^{(\approx)} \hat{b}_c^{s2} f^2 d^2 \qquad \text{(D.9)}$$

avec :

$$C_{c(dyn)}^{(\approx)} = \frac{\pi^3 \wp_{cm}^s k_f^s h_s^c R_{cmoy}^s}{4\rho} \qquad \text{(D.10)}$$

Pertes fer statiques. Les pertes statiques par cycle et par unité de volume sont fonction de la surface du cycle d'hystérésis en régime quasi statique. Il en résulte que :

$$p_{dV^s(sta)} = h_s^c d R_{cmoy}^s d\alpha^s c_{dV^s(stat)}^{(\approx)} \hat{b}_c^{s\xi} f \qquad \text{(D.11)}$$

ξ est un coefficient compris entre 1.6 et 2.2 (section 1.3.1). Pour la suite de nos développements, afin de faciliter les calculs, nous adopterons la valeur 2 pour caractériser ξ :

$$p_{dV^s(sta)} = h_s^c d R_{cmoy}^s d\alpha^s c_{dV^s(stat)}^{(\approx)} \hat{b}_c^{s2} f \qquad \text{(D.12)}$$

Pour obtenir les pertes statiques $P_{c(stat)}^{s(\approx)}$ consommées par la culasse, il suffit de multiplier $p_{dV^s(sta)}$ par n_{dV^s}. En posant :

$$C_{c(stat)}^{(\approx)} = n_{dV^s} h_s^c d R_{cmoy}^s d\alpha^s c_{dV^s(stat)}^{(\approx)} \qquad \text{(D.13)}$$

il vient :

$$P^{s(\approx)}_{c(stat)} = C^{(\approx)}_{c(stat)} \hat{b}^{s2}_c f \quad \text{(D.14)}$$

Précisons que cette expression ne fait apparaître l'épaisseur des tôles ce qui est notamment valable lorsque la fréquence des signaux n'est pas trop élevée. Lorsque cette condition n'est pas satisfaite, l'effet de peau dans les tôles nécessite de reformuler $P^{s(\approx)}_{c(stat)}$ comme, également, $P^{s(\approx)}_{c(dyn)}$.

Impact de la saturation. La valeur crête de l'induction ne dépend principalement que de la tension d'alimentation. Il résulte, dans ce cas, que la saturation n'aura pas d'impact sur $\hat{b}^s_c$ et sur sa distribution. A $\hat{v}_p$ donné seul le courant i_p sera affecté par la présence d'harmoniques qui sont générés par une perméabilité relative du fer qui varie avec le temps définissant une perméabilité moyenne plus faible que celle qui existe en l'absence de saturation. En introduisant la notion de courant sinusoïdal équivalent, la valeur efficace de ce dernier augmente lorsque la saturation apparaît.

D.1.2 Distribution non uniforme de l'induction

Dans cas on ne suppose plus que h^c_s est petit devant R^s_{cint}. Dans ces conditions, à un instant t donné, en l'absence du phénomène de saturation, le module de l'induction en M_s est supérieure à celui qui caractérise l'induction en N_s. Lorsque t varie, les vecteurs induction en M_s et N_s présenteront des modules variables qui évolueront dans les mêmes proportions. On a toujours un champ unidirectionnel avec une distribution non uniforme de l'induction. L'intérêt d'une telle approche est essentiellement de présenter la procédure qui sera mise en œuvre lors de l'analyse de effets dynamiques engendrés par les champs tournants. En supposant toujours que le fer qui constitue le circuit magnétique est isotrope, les lignes de champ suivront, comme précédemment des trajets circulaires, de sorte que les composantes tangentielles de l'induction se confondent, comme précédemment, avec les vecteurs induction correspondants. Si le fer n'est pas saturé, lorsque l'enroulement d'excitation est soumis à une tension sinusoïdale, le courant i_p qui parcourt l'enroulement est également à évolution temporelle sinusoïdale. Considérons plusieurs trajets circulaires équiflux équidistants et, plus particulièrement, un tube de flux (variables associées de l'indice inférieur tf, constitué par 2 trajets adjacents, dont l'axe est distant de R^s de l'origine O (figure D.1). Le flux φ_{tf} qui circule dans ce tube satisfait la relation : $n_p i_p = \Re_{tf}\varphi_{tf}$. Comme la réluctance $\Re_{tf}$ de ce tube a pour expression : $\Re_{tf} = 2\pi R^s/\mu^s s^s_{tf}$ où μ^s représente la perméabilité du matériaux et s^s_{tf} la section du tube, on peut en déduire l'expression de $b^s_{c(tf)}$ à un instant t donné conformément à la relation : $\varphi_{tf} = b^s_{c(tf)} s^s_{tf}$, ce qui conduit à :

$$b^s_{c(tf)} = \frac{\mu^s n_p i_p}{2\pi R^s} \quad \text{(D.15)}$$

$b^s_{c(tf)}$ suit donc une progression sur la hauteur de la culasse qui est inversement proportionnelle à R^s. Dans la mesure où b^s_c et N_s, noté b^s_{cext}, s'exprime par : $b^s_{cext} = \frac{\mu^s n_p i_p}{2\pi R^s_{ext}}$, il apparaît que :

$$b^s_{c(tf)} = b^s_{cext} \frac{R^s_{ext}}{R^s} \quad \text{(D.16)}$$

$$p_{\delta V^s(dyn)} = b^{s2}_{cext}\omega^2 \frac{R^s_{cmoy} R^{s2}_{ext} d^3}{32\rho} \frac{dR^s}{R^{s2}} d\alpha$$

Pertes fer dynamiques. Pour déterminer dans ces conditions les pertes fer dynamiques dans le volume dV^s on scinde ce dernier en volumes élémentaires δV^s de hauteurs dR^s et centrés en C' distant de R^s de l'axe O comme indiqué à la figure D.3. dR^s représente alors la distance qui sépare les 2 trajets adjacents qui définissent le tube de flux (figure D.1). Supposons la répartition de l'induction $b^s_{c(tf)} = b^s_c(R^s)$ dans ce volume élémentaire uniforme (ce qui revient à discrétiser par paliers de largeurs dR^s la courbe b^s_c sur la hauteur de la culasse). En supposant $dR^s > d$ (la figure D.3 ne respecte pas les échelles pour des raisons de lisibilité) la relation D.7 demeure valable pour déterminer la puissance $p_{\delta V^s(dyn)}$ perdue par effet Joule dans δV^s à condition d'adapter les notations. En prenant en compte la relation D.16, il vient :

(D.17)

Il en résulte que la puissance $p_{dV^s(dyn)}$ consommée

par dV^s s'obtient en utilisant la relation :

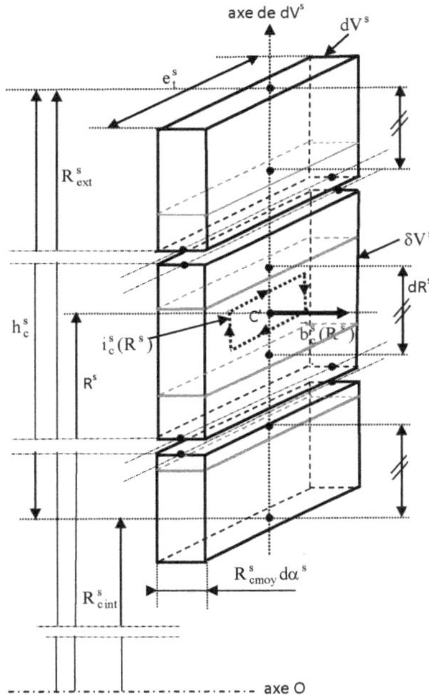

FIGURE D.3: fractionnement de dV^s

$$p_{dV^s(dyn)} = \int_{R^s=R^s_{cint}}^{R^s=R^s_{ext}} p_{\delta V^s(dyn)}$$

Cela conduit à :

$$p_{dV^s(dyn)} = \hat{b}^{s2}_{cext}\omega^2 \frac{h^c_s R^s_{cmoy} d^3}{32\rho} \frac{R^s_{ext}}{R^s_{cint}} d\alpha^s \qquad \text{(D.18)}$$

Comme : $R^s_{ext} = R^s_{cint} + h^c_s$, le fait de négliger h^c_s devant R^s_{cint} permet de confondre le rapport $\frac{R^s_{ext}}{R^s_{cint}}$ avec l'unité et par conséquent de retrouver, concernant $p_{dV^s(dyn)}$, une expression similaire à la relation D.7.

Pour exprimer la puissance totale $P'^{s(\approx)}_{c(dyn)}$ consommée dans le fer statorique due aux effets dynamiques engendrés par un champ unidirectionnel de répartition non uniforme, il suffit de multiplier comme précédemment $p_{dV^s(dyn)}$ par : n_{dV^s}. En faisant apparaître la fréquence il vient :

$$P'^{s(\approx)}_{c(dyn)} = C'^{(\approx)}_{c(dyn)} \hat{b}^{s2}_{cext} f^2 d^2 \qquad \text{(D.19)}$$

avec :

$$C'^{(\approx)}_{c(dyn)} = C^{(\approx)}_{c(dyn)} R^s_{ext}/R^s_{cint} \tag{D.20}$$

Pertes fer statiques. Les pertes statiques relatives à δV^s résultent de D.12 et de D.16 :

$$p_{\delta V^s(stat)} = dR^s dR^s_{cmoy} d\alpha^s c^{(\approx)}_{dV^s(stat)} \hat{b}^{s2}_{cext} \frac{R^{s2}_{ext}}{R^{s2}} f \tag{D.21}$$

On en déduit que :

$$p_{dV^s(stat)} = dR^s_{cmoy} R^{s2}_{ext} d\alpha^s c^{(\approx)}_{dV^s(stat)} \hat{b}^{s2}_{cext} f \int_{R^s=R^s_{cint}}^{R^s=R^s_{ext}} \frac{dR^s}{R^{s2}}$$

ce qui conduit à :

$$p_{dV^s(stat)} = dR^s_{cmoy} h^c_s d\alpha^s c^{(\approx)}_{dV^s(stat)} \frac{R^s_{ext}}{R^s_{cint}} \hat{b}^{s2}_{cext} f$$

En multipliant cette quantité par n_{dV^s}, on obtient $P'^{s(\approx)}_{c(stat)}$:

$$P'^{s(\approx)}_{c(stat)} = C'^{(\approx)}_{c(stat)} \hat{b}^{s2}_{cext} f \tag{D.22}$$

avec :

$$C'^{(\approx)}_{c(stat)} = C^{(\approx)}_{c(stat)} \frac{R^s_{ext}}{R^s_{cint}} \tag{D.23}$$

On remarque que le coefficient qui multiplie $C^{(\approx)}_{c(stat)}$ est le même que celui qui multiplie $C^{(\approx)}_{c(dyn)}$ ce qui est tout a fait logique dans la mesure où pertes statiques et dynamiques sont toutes deux proportionnelles au carré de l'induction.

Calcul de $\hat{b}^s_{cext}$ Pour illustrer nos propos qui apparaissent dans la partie introductive de ce paragraphe (expressions plus ou moins complexes pour caractériser $\hat{\Psi}_p$ en fonction du flux φ^c_s), nous nous proposons d'exprimer $\hat{b}^s_{cext}$ en fonction de $\hat{v}_p$. Ψ_p résulte de la relation : $\Psi_p = n_p \int_{(s)} b^s_c dS$. Comme $dS = k^s_f \wp^s_{cm} dR^s$, compte tenu de D.16, il vient : $\Psi_p = n_p k^s_f \wp^s_{cm} R^s_{ext} \int_{R^s_{cint}}^{R^s_{ext}} \frac{b^s_{cext}}{R^s} dR^s$. On en déduit par conséquent que :

$$\hat{\Psi}_p = n_p k^s_f \wp^s_{cm} R^s_{ext} \hat{b}^s_{cext} \log \frac{R^s_{ext}}{R^s_{cint}}$$

Ψ_p, déduit de D.1 en négligeant la chute de tension ohmique, conduit à :

$$\hat{b}^s_{cext} = \frac{\hat{v}_p}{\omega n_p k^s_f \wp^s_{cm} R^s_{ext} \log \frac{R^s_{ext}}{R^s_{cint}}} \tag{D.24}$$

Comme : $\frac{R^s_{ext}}{R^s_{cint}} = 1 + \frac{h^c_s}{R^s_{cint}}$, en supposant que $\frac{h^c_s}{R^s_{cint}}$ est petit devant l'unité, ce qui permet de confondre le Log avec son développement limité au premier ordre, il vient : $\hat{b}^s_{cext} = \hat{v}_p/\omega n_p k^s_f \wp^s_{cm} h^c_s R^s_{ext}/R^s_{cint}$. Dans la mesure où R^s_{ext}/R^s_{cint} est proche de l'unité, en confondant cette quantité avec 1, on retrouve la relation D.2 relative à un champ uniforme.

Impact de la saturation. Si à partir d'un état non saturé on augmente légèrement la tension appliquée sur l'enroulement d'excitation de manière à venir positionner le point de fonctionnement au niveau du coude de la caractéristique $b_c^s(h)$, alors, lorsque v_p sera proche de $\hat{v}_p$, la perméabilité relative du matériaux magnétique va décroître dans la zone proche de R_{cint}^s offrant aux lignes de champ une réluctance moindre ce qui se traduit par une répartition différente de l'onde d'induction sur la hauteur de la culasse. L'impact de la valeur instantanée de la tension sur la répartition des trajets circulaire rend ce problème très complexe car il convient, d'un point de vue analytique, d'exprimer cette loi de répartition de l'induction en fonction du temps qui, implicitement, à $\hat{v}_p$ donné, conduit à introduire la variable temps pour caractériser $\hat{b}_{cext}^s$ ainsi que $b_{c(tf)}^s$ donné par D.16.

D.2 Cas d'un champ tournant

Un champ tournant, par définition, est le champ qui apparaît dans l'entrefer d'une machine à courants alternatifs. Cette machine peut, en première approximation, être assimilée à deux armatures cylindriques espacées par un entrefer d'épaisseur e comme présenté à la figure D.4 où un entrefer lisse (épaisseur constante) est considéré. La partie fixe correspond au stator, la partie mobile au rotor. Pour distinguer les variables relatives à ces deux armatures, elles seront affectées d'un indice qui sera respectivement soit s, soit r.

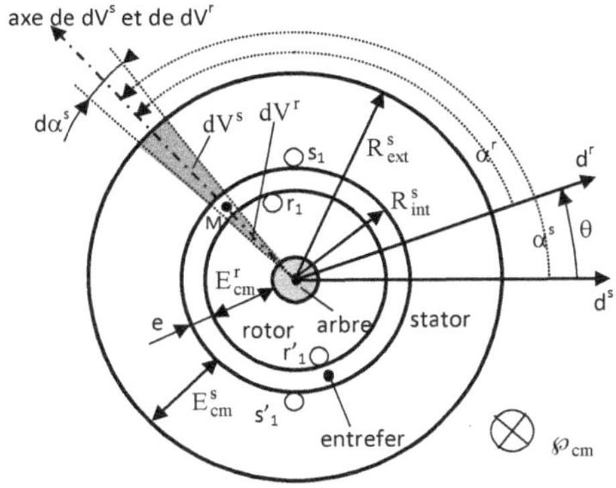

FIGURE D.4 – Schématisation d'une machine à courants.

Généralement, les approches basiques pour caractériser le fonctionnement d'une machine ne considèrent que l'onde d'induction fondamentale d'entrefer b_e. Cette onde d'induction d'entrefer peut être caractérisée par des vecteurs induction qui présentent en fonction du temps une amplitude constante modulée spatialement par une sinusoïde. L'ensemble de ces vecteurs se déplace au cours du temps conformément à la relation :

$$b_e = \hat{b}_e \cos(\omega t - p\alpha^s) \qquad \text{(D.25)}$$

$\omega = 2\pi f$ est la pulsation des signaux (tensions courants) qui apparaissent au niveau de l'enroulement statorique que nous supposerons triphasé. α^s permet de localiser un point quelconque de l'entrefer par rapport à une référence spatiale fixe $d\alpha^s$ que nous prendrons confondue avec l'axe de la phase 1 du stator symbolisée par les conducteurs $s1$ et $s'1$. p représente le nombre de paires de pôles de la machine. Dans ces conditions, l'onde d'entrefer se déplace à la vitesse ω/p qualifiée de synchrone. Notons qu'au niveau de la figure D.4, la quantité p prend en compte la hauteur h_s^c de la culasse ainsi que la hauteur h_d^s des dents statoriques. Elle correspond donc à la l'épaisseur du circuit magnétique statorique. Le rayon interne de cette culasse "fictive" est noté R_{int}^s. Cette remarque est également valable pour la quantité E_{cm}^r. Afin de pouvoir dresser un parallèle entre pertes fer en champs tournant et unidirectionnel, nous allons tout d'abord montrer comment se répartit l'onde d'induction dans les culasses "fictives" schématisées comme indiqué à la figure D.4.

D.2.1 Caractérisation de l'onde d'induction dans les "culasses"

Le calcul des pertes fer est réalisé en considérant des volumes dV^s et dV^r logés dans le fer statorique et rotorique situés à une abscisse angulaire α^s et compris dans un angle $d\alpha^s$ comme précisé à la figure D.4. Ces volumes présentent une épaisseur qui s'identifie à celle d'une tôle Le problème consiste tout d'abord à déterminer comment évoluent les vecteurs induction $\vec{b}_s^c$ et $\vec{b}_c^r$ dans les culasses "fictives" statorique et rotorique de rayons moyens $R_{cmoy}^{\prime s}$ et $R_{cmoy}^{\prime r}$.

Lois d'évolution des composantes d'induction dans les culasses. La figure D.5 présente, sur π géométriques, la répartition des tubes de flux obtenus en 2D par éléments finis. Ces tracés sont réalisés pour p valant 1 et 3 en imposant à la périphérie interne du stator une répartition spatiale du courant conduisant à une fmm d'entrefer d'expression : $\epsilon^e = \hat{\epsilon}^e \cos p\alpha^s$, soit à un instant t tel que l'axe d'un pôle Nord d'entrefer (N) soit confondu avec d^s. Nous avons également fait apparaître sur cette figure les axes interpolaires situés à équidistances des axes de pôles Nord (N) et Sud (S) adjacents.

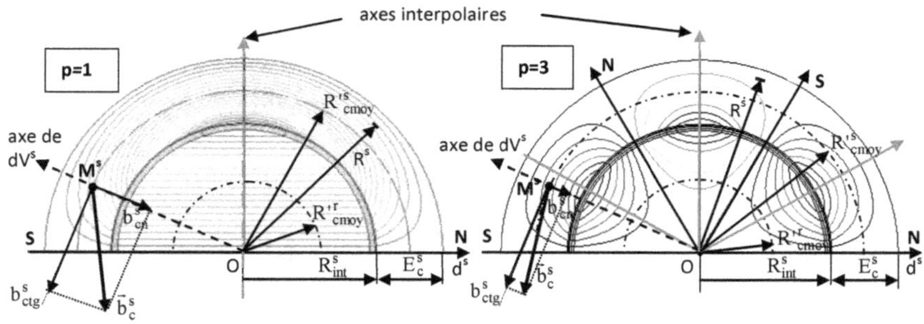

FIGURE D.5 – Composantes du vecteur induction dans la culasse statorique.

Considérons un trajet circulaire de référence passant par M_s situé à mi-hauteur de la "culasse" statorique et donc distant de l'axe O de la machine de $R_{cmoy}^{\prime s} = R_{int}^s + p/2$. Les résultats issus de la modélisation, de même que des développements analytiques qui suivront, montrent que $\vec{b}_s^c$ s'identifie pratiquement avec sa composante normale b_{cn}^s au voisinage des axes des pôles Nord et Sud. Dans les axes interpolaires, il est possible d'assimiler $\vec{b}_s^c$ avec sa composante tangentielle b_{ctg}^s. En dehors de ces points particuliers, $\vec{b}_s^c$ est caractérisé simultanément par deux composantes : b_{cn}^s et b_{ctg}^s.

Cette particularité nécessite, d'un point de vue pertes fer dynamiques, de considérer dans les culasses deux types de courants de Foucault associés pour chacun à chacune de ces composantes. La présence de ces deux composantes montre qu'un point donné de l'armature statorique est soumis à un champ elliptique conduisant, d'un point de vue pertes fer statiques, à considérer ce qui est qualifié d'hystérésis tournante. Pour mettre en évidence la troisième particularité qui caractérise les machines tournantes, il convient de prendre en compte la denture. La figure D.6 présente le cas d'un stator denté et d'un rotor lisse. Lorsque l'analyse porte sur la machine présentée à la figure D.4, il est généralement admis que les lignes de champ dans l'entrefer sont radiales, ce qui signifie qu'elles n'ont qu'une composante normale. La figure D.6 montre que ceci est vérifié pour certaines d'entre elle. Néanmoins au niveau des épanouissements dentaires, certaines distorsions apparaissent. En négligeant ces distorsions, qui affectent une zone très limitée des dents, il est possible d'admettre que les dents du stator sont soumises à un champ unidirectionnel de sorte que les relations établies dans le précédent paragraphe demeurent valables pour la denture.

La quatrième particularité est relative aux pertes haute fréquence générées par la denture. A titre d'exemple, comme nous venons de le signaler, les distorsions vont fluctuer dans le temps notamment avec un rotor denté. Ces fluctuations haute fréquence s'apparentent aux papillotement des lignes de champ au niveau des cornes polaires des machines à courant continu. Ces effets haute fréquence génèrent également au niveau des cycles d'hystérésis des cycles mineurs qui accroissent les pertes statiques. Au niveau de ces développements nous ne prendrons en compte que les effets magnétiques fondamentaux. D'un point de vue expérimental, nous définirons ces effets HF en pourcents relativement aux des pertes fer totales.

Evolution des composantes fondamentales d'induction. Pour pouvoir caractériser les pertes fer dans les "culasses", il convient d'exprimer analytiquement les lois d'évolution des composantes normale et tangentielle du fondamental de l'induction aussi bien en fonction de α^s que des points considérés sur les hauteurs des culasses. Nous focaliserons notre attention sur la culasse statorique dans la mesure où, si l'on considère le plan développé de la structure, nous avons des évolutions similaires au rotor. Le détail de ces calculs relativement classiques, qui supposent radiale l'onde d'induction d'entrefer, sont donnés dans (Alger 1965).

- En notant $\hat{b}_c^s$ la valeur crête du module de $\vec{b}_s^c$ sur le trajet circulaire passant par M_s initialement défini, la figure D.7 précise les lois d'évolution des grandeurs réduites : $\left|\vec{b}_s^c\right| / \hat{b}_c^s$, $b_{ctg}^s / \hat{b}_c^s$ et $b_{cn}^s / \hat{b}_c^s$ sur ce trajet de référence en fonction de α^s sur un intervalle égal à π/p. Ces tracés ont été réalisés pour : $p = 2$, $R_{(int)}^s = 60\,\mathrm{mm}$, $E_{cm}^r = 30\,\mathrm{mm}$, $e = 3\,\mathrm{mm}$ en supposant identique et égale à 1000 la perméabilité relative μ_r du fer au stator et au rotor et en ajustant la valeur de $\hat{\epsilon}^e$ de manière à obtenir une induction crête dans l'entrefer égale à 1 T. Ces composantes, qui présentent une loi de répartition spatiale sinusoïdale de valeurs crêtes $\hat{b}_{ctg}^s$ et $\hat{b}_{cn}^s$, évoluent en quadrature avec, en prenant en compte les aspects temporels, une vitesse angulaire de déplacement égale à ω/p.

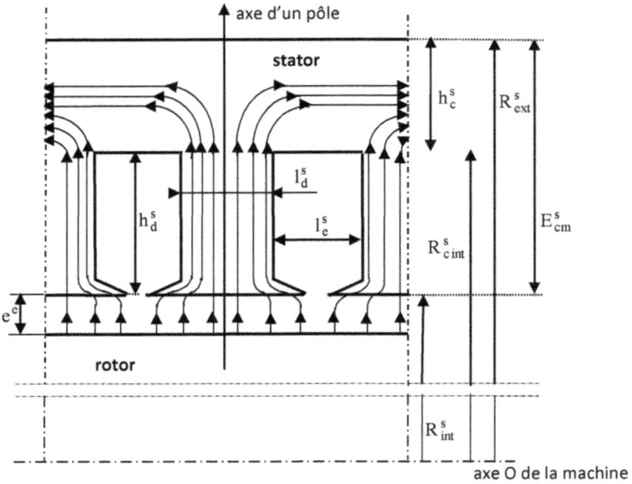

FIGURE D.6 – Effets de la denture statorique

- Considérons un point quelconque sur la hauteur de la "culasse" statorique distant de l'axe O de la machine de R^s (figure D.5). Posons : $y^s = R^s/R^s_{ext}$ avec R^s_{ext} le rayon extérieur de la culasse statorique. Notons μ_r la perméabilité relative du fer statorique. Soient $\hat{b}^s_{ctg}(y^s)$ et $\hat{b}^s_{cn}(y^s)$ les valeurs crêtes des composantes de $\vec{b}^c_s(y^s)$ sur ce trajet. Ces quantités, en introduisant la valeur y^{s*} de y^s définie pour : $R^s = R^s_{int}$, s'expriment par :

$$\hat{b}^s_{ctg}(y^s) = \hat{b}_e \frac{(\mu_r+1)(y^s)^{-(p+1)} + (\mu_r-1)(y^s)^{(p-1)}}{(\mu_r+1)(y^{s*})^{-(p+1)} - (\mu_r-1)(y^{s*})^{(p-1)}} \tag{D.26}$$

$$\hat{b}^s_{cn}(y^s) = \hat{b}_e \frac{(\mu_r+1)(y^s)^{-(p+1)} - (\mu_r-1)(y^s)^{(p-1)}}{(\mu_r+1)(y^{s*})^{-(p+1)} - (\mu_r-1)(y^{s*})^{(p-1)}} \tag{D.27}$$

En considérant la machine idéale décrite précédemment, la figure D.8 présente les lois d'évolution de $\hat{b}^s_{ctg}/\hat{b}^s_{ctg(y^s=y^{s*})}$ sur la hauteur de la "culasse" statorique pour p valant 1, 2, 3 et 10. La figure D.9 est relative à la quantité $\hat{b}^s_{cn}/\hat{b}^s_{cn(y^s=y^{s*})}$. Connaissant ces valeurs crêtes il est aisé de déterminer les valeurs de ces composantes en point quelconque de l'armature statorique à un instant donné dans la mesure où les lois d'évolution spatiales sont sinusoïdales.

D.2.2 Pertes fer dynamiques statoriques

La détermination des effets générés par l'onde d'induction fondamentale nécessite de distinguer ceux engendrés par la composante tangentielle b^s_{ctg} de ceux induits par la compo-

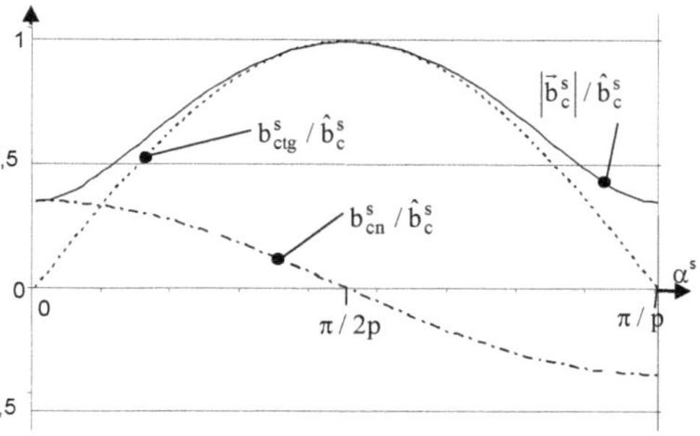

FIGURE D.7 – Variations de $\left|\vec{b}_s^c\right|/\hat{b}_c^s$, $b_{ctg}^s/\hat{b}_c^s$ et $b_{cn}^s/\hat{b}_c^s$ sur le trajet circulaire de référence.

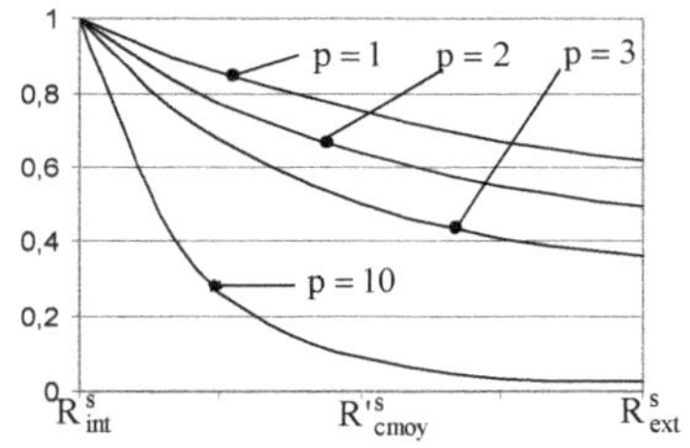

FIGURE D.8 – Variations de $\hat{b}_{ctg}^s/\hat{b}_{ctg(R^s=R_{int}^s)}^s$ avec R^s

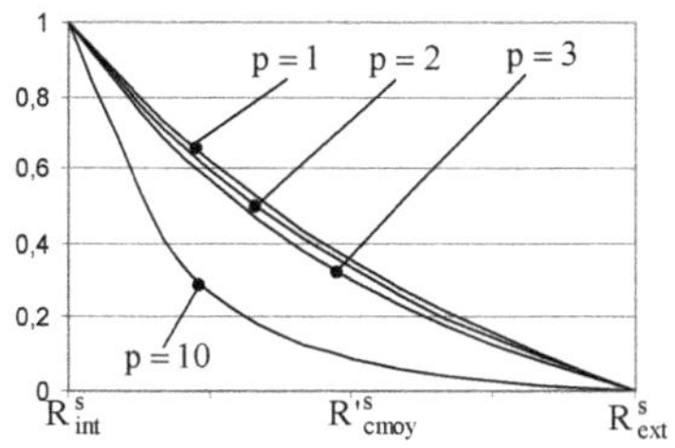

FIGURE D.9 – Variations de $\hat{b}_{cn}^s/\hat{b}_{cn(R^s=R_{int}^s)}^s$ avec R^s

sante normale b_{cn}^s. Pour les développements mathématiques, nous supposerons que $\mu_r >> 1$. Dans ces condition les composantes de $\vec{b}_s^c(y^s)$ s'écrivent :

$$\hat{b}_{ctg}^s(y^s) = \hat{b}_e \frac{(y^s)^{-(p+1)} + (y^s)^{(p-1)}}{(y^{s*})^{-(p+1)} - (y^{s*})^{(p-1)}} \tag{D.28}$$

$$\hat{b}_{cn}^s(y^s) = \hat{b}_e \frac{(y^s)^{-(p+1)} - (y^s)^{(p-1)}}{(y^{s*})^{-(p+1)} - (y^{s*})^{(p-1)}} \tag{D.29}$$

- Pour $y^s = y^{s*}$, il apparaît que $\hat{b}_{cn}^s(y^{s*}) = \hat{b}_e$. La détermination de $\hat{b}_{ctg}^s(y^{s*})$ est un peu moins immédiate. Comme :$(y^{s*})^{-(p+1)} = 1/(y^{s*})^{(p+1)}$ et que y^{s*} est inférieur à l'unité, on en déduit que : $(y^{s*})^{-(p+1)} > 1$ alors que : $(y^{s*})^{(p-1)} \leq 1$. Il en résulte que $\hat{b}_{ctg}^s(y^{s*}) > \hat{b}_e$.

- Pour $y^s = 1$ (périphérie externe du stator), il vient : $\frac{\hat{b}^s_{cn}(y^s=1)}{\hat{b}^s_{ctg}(y^s=1)} = 0$. En considérant les relations D.26 et D.27, ce rapport s'identifie à $1/\mu_r$.

- L'analyse de ces cas particuliers montrent que :

  - Pour $R^s = R^s_{ext}$, la composante normale de l'induction dans la culasse est négligeable face à la composante tangentielle. Il en résulte qu'il est possible de considérer le champ quasi unidirectionnel à la périphérie extérieure du stator. D'un point de vue pertes fer (statiques et dynamiques), on retrouve le cas développé en D.1.2. D'ailleurs, en supposant que la composante normale peut être négligée lorsque sa valeur crête est inférieure au dixième de celle de la composante tangentielle, il est possible de délimiter la zone où les effets de la composante normale peuvent être négligés.
  - Pour $R^s = R^s_{cint}$, la valeur crête de la composante tangentielle de l'induction est supérieure à celle de la normale sans que cette dernière puisse être considérée comme négligeable. Par conséquent, d'un point de vue pertes fer il convient de considérer ces deux composantes qui vont également générer ce qui est qualifié d'hystérésis tournante.

Pertes dynamiques dues à la composante tangentielle. Ce calcul est similaire à celui exposé dans le paragraphe D.1.2. La puissance $p_{\delta V^s_{tg}(dyn)}$ consommée par effets Joule dans l'élément de volume δV^s résulte de D.7. Elle s'exprime par :

$$p_{\delta V^s_{tg}(dyn)} = \hat{b}^{s2}_{ctg}(R^s)\omega^2 \frac{R'^s_{cmoy} d^3}{32\rho} dR^s d\alpha^s \tag{D.30}$$

Comme $R^s = R^s_{ext} y^s$, il vient : $dR^s = R^s_{ext} dy^s$. En prenant en compte la relation D.28, il vient successivement :

$$p_{\delta V^s_{tg}(dyn)} = \hat{b}^2_e \omega^2 \frac{R'^s_{cmoy} R^s_{ext} d^3}{32\rho} \frac{\left\{(y^s)^{-(p+1)} + (y^s)^{(p-1)}\right\}^2}{\left\{(y^{s*})^{-(p+1)} - (y^{s*})^{(p-1)}\right\}^2} dy^s d\alpha^s \tag{D.31}$$

Cette expression conduit à :

$$p_{dV^s_{tg}(dyn)} = \hat{b}^2_e \omega^2 \frac{R'^s_{cmoy} R^s_{ext} d^3}{32\rho} \frac{\int_{y^s=y^{s*}}^{y^s=1} \left\{(y^s)^{-2(p+1)} + (y^s)^{2(p-1)} + 2(y^s)^{-2}\right\} dy^s}{\left\{(y^{s*})^{-(p+1)} - (y^{s*})^{(p-1)}\right\}^2} d\alpha^s$$

$$p_{dV^s_{tg}(dyn)} = \hat{b}^2_e \omega^2 \frac{R'^s_{cmoy} R^s_{ext} d^3}{32\rho} \frac{\left\{\frac{(y^s)^{-(2p+1)}}{-(2p+1)} + \frac{(y^s)^{2p-1}}{(2p-1)} - 2\frac{1}{y^s}\right\}_{y^s=y^{s*}}^{y^s=1}}{\left\{(y^{s*})^{-(p+1)} - (y^{s*})^{(p-1)}\right\}^2} d\alpha^s$$

En posant :

$$g_{tg}(y^{s*}, p) = \frac{(2p+1)\left[1-(y^{s*})^{(2p-1)}\right] - (2p-1)\left[1-(y^{s*})^{-(2p+1)}\right] - 2(2p+1)(2p-1)\left[1-(y^{s*})^{-1}\right]}{(2p+1)(2p-1)\left\{(y^{s*})^{-(p+1)} - (y^{s*})^{(p-1)}\right\}^2} \tag{D.32}$$

il vient :

$$p_{dV^s_{tg}(dyn)} = \hat{b}_e^2\omega^2 \frac{R'^s_{cmoy} R^s_{ext} d^3}{32\rho} g_{tg}(y^{s*}, p) d\alpha^s \tag{D.33}$$

Introduisons le symbole (3 ≈) qui traduit le fait que l'on considère un champ tournant. $P^{s(3\approx)}_{ctg(dyn)}$ s'obtient en multipliant $p_{dV^s_{tg}(dyn)}$ par n_{dV^s} défini par D.8. En introduisant la fréquence et en définissant la constante :

$$C^{(3\approx)}_{ctg(dyn)} = \frac{\pi^3 \wp^s_{cm} k^s_f R'^s_{cmoy} R^s_{ext} g_{tg}(y^{s*}, p)}{4\rho} \tag{D.34}$$

on obtient :

$$P^{s(3\approx)}_{ctg(dyn)} = C^{(3\approx)}_{ctg(dyn)} \hat{b}_e^2 f^2 d^2 \tag{D.35}$$

Pertes dynamiques dues à la composante normale. Considérons l'élément de volume δV^s soumis à la composante normale de l'induction comme présenté à la figure D.10. La spire fictive au sein de volume (en gris) embrasse un flux Ψ_{spire} qui vaut : $\Psi_{spire} = 4b^s_{cn}(R^s)xz$. La valeur crête de la fem induite dans cette spire vaut : $\hat{e}_{spire} = 4\hat{b}^s_{cn}(R^s)\omega xz$. La résistance de cette spire résulte de : $r_{spire} = \frac{4\rho}{dR^s}\left[\frac{x}{dz} + \frac{z}{dx}\right]$. Auparavant les boucles des courants induits, limitées par l'épaisseur d de la tôle, se refermaient selon l'axe y. A présent, ces boucles de courants, toujours limitées par l'épaisseur d de la tôle, se referment selon z. La longueur maximale de ces boucles couvre, par conséquent, un pas polaire π/p. Il en résulte donc que pour couvrir totalement le volume concerné par la circulation de boucles de courants qui évoluent dans le même sens, il convient de satisfaire la relation :

$$\frac{x}{z} = \frac{dx}{dz} = \frac{pd}{\pi R'^s_{cmoy}} \tag{D.36}$$

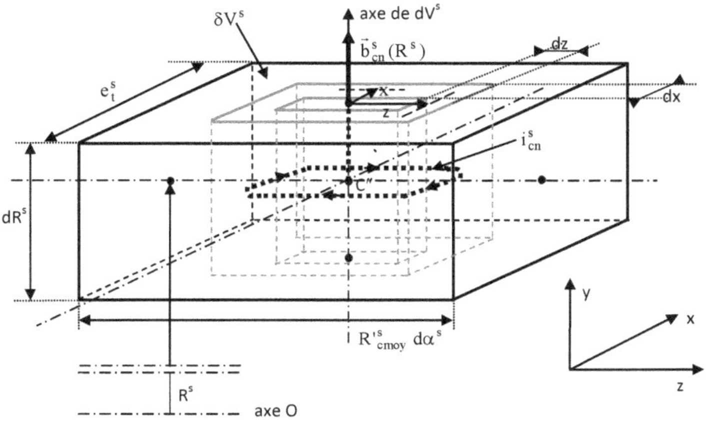

FIGURE D.10 – Zoom sur δV^s

Dans ces conditions, en substituant les expressions fonction de $z(x)$ et $dz(dx)$ à z et dz, il vient : $\hat{e}_{spire} = \frac{4\hat{b}^s_{cn}(R^s)\pi R'^s_{cmoy}\omega x^2}{pd}$, $r_{spire} = \frac{4\rho}{dR^s}\left[\frac{p^2d^2+\pi^2 R'^{s2}_{cmoy}}{pd\pi R'^s_{cmoy}}\right]\frac{x}{dx}$.
Comme on a toujours :$p_{spire} = \frac{\hat{e}^2_{spire}}{2r_{spire}}$, on obtient : $p_{spire} = \frac{2\hat{b}^{s2}_{cn}(R^s)\pi^3 R'^{s3}_{cmoy}\omega^2 x^3}{\rho\left[p^2d^2+\pi^2 R'^{s2}_{cmoy}\right]pd} dR^s dx$ Cette expression permet d'exprimer : $p_{\delta V^s_{n(dyn)}} = \int_{x=0}^{x=e^s_t/2} p_{spire}$:

$$p_{\delta V^s_{n(dyn)}} = \frac{\hat{b}^{s2}_{cn}(R^s)\omega^2\pi^3 R'^{s3}_{cmoy}d^3}{32\rho p\left[p^2d^2 + \pi^2 R'^{s2}_{cmoy}\right]} dR^s \tag{D.37}$$

Comme : $pd << \pi R'^s_{cmoy}$, il est possible de simplifier l'expression précédente qui s'écrit :

$$p_{\delta V^s_{n(dyn)}} = \frac{\hat{b}^{s2}_{cn}(R^s)\omega^2\pi R'^s_{cmoy}d^3}{32\rho p} dR^s \tag{D.38}$$

Pour calculer la puissance $p_{dV^s_{n(dyn)}}$ consommée sur la hauteur du volume considéré, donc dans dV^s, il convient d'introduire comme précédemment la variable : $y^s = R^s/R^s_{ext}$. Cela conduit à :

$$p_{\delta V^s_{n(dyn)}} = \frac{\hat{b}^{s2}_{cn}(y^s)\pi\omega^2 R'^s_{cmoy}R^s_{ext}d^3}{32\rho p} dy^s \tag{D.39}$$

Comme : $p_{dV^s_{n(dyn)}} = \int_{y^s=y^{s*}}^{y^s=1} p_{\delta V^s_{n(dyn)}}$, $\hat{b}^s_{cn}(y^s)$ donné par D.29 conduit à :

$$p_{dV^x_{n(dyn)}} = \frac{\hat{b}^2_e\omega^2\pi R'^s_{cmoy}R^s_{ext}d^3}{32\rho p}\frac{\int_{y^s=y^{s*}}^{y^s=1}\left\{(y^s)^{-(p+1)} - (y^s)^{(p-1)}\right\}^2 dy^s}{\left\{(y^{s*})^{-(p+1)} - (y^{s*})^{(p-1)}\right\}^2}$$

Posons :

$$g_n(y^{s*}, p) = \frac{(2p+1)\left[1-(y^{s*})^{(2p-1)}\right] - (2p-1)\left[1-(y^{s*})^{-(2p+1)}\right] + 2(2p+1)(2p-1)\left[1-(y^{s*})^{-1}\right]}{(2p+1)(2p-1)\left\{(y^{s*})^{-(p+1)} - (y^{s*})^{(p-1)}\right\}^2} \tag{D.40}$$

il vient :

$$p_{dV^x_{n(dyn)}} = \frac{\hat{b}^2_e\omega^2\pi R'^s_{cmoy}R^s_{ext}d^3}{32\rho p} g_n(y^{s*}, p) \tag{D.41}$$

Comme il y a $2p$ volumes dV^s considérés dans une tôle et que ce nombre de tôles est de $k^s_f\wp^s_{cm}/d$, la puissance totale $P^{s(3\approx)}_{cndyn}$ consommée dans le fer statorique due aux effets dynamiques engendrés par cette composante normale, résulte du produit de celle consommée par dV^s par : $2pk^s_f\wp^s_{cm}/d$. En introduisant la fréquence : $\omega = 2\pi f$, $P^{s(3\approx)}_{cndyn}$ s'exprime par :

$$P^{s(3\approx)}_{cndyn} = C^{(3\approx)}_{cndyn}\hat{b}^2_e f^2 d^2 \tag{D.42}$$

avec :

$$C^{(3\approx)}_{cndyn} = \pi^3\wp^s_{cm}k^s_f R'^s_{cmoy}R^s_{ext}g_n(y^{s*}, p)/4\rho \tag{D.43}$$

On note que pour : $g_{tg}(y^{s*}, p) = g_n(y^{s*}, p)$, $C^{(3\approx)}_{ctg(dyn)}$ s'identifie à $C^{(3\approx)}_{cndyn}$. Le fait de retrouver que les pertes fer dynamiques sont dans ces conditions identiques valide ces développements.

Comparaison des pertes dynamiques dues aux composantes normale et tangentielle. Le rapport : $P^{s(3\approx)}_{ctg(dyn)}/P^{s(3\approx)}_{cndyn}$ s'identifie à celui des constantes : $C^{(3\approx)}_{ctg(dyn)}/C^{(3\approx)}_{cndyn}$. On en déduit donc que :

$$\frac{P^{s(3\approx)}_{ctg(dyn)}}{P^{s(3\approx)}_{cndyn}} = \frac{g_{tg}(y^{s*}, p)}{g_n(y^{s*}, p)} =$$
$$\frac{(2p+1)\left[1-(y^{s*})^{(2p-1)}\right]-(2p-1)\left[1-(y^{s*})^{-(2p+1)}\right]-2(2p+1)(2p-1)\left[1-(y^{s*})^{-1}\right]}{(2p+1)\left[1-(y^{s*})^{(2p-1)}\right]-(2p-1)\left[1-(y^{s*})^{-(2p+1)}\right]+2(2p+1)(2p-1)\left[1-(y^{s*})^{-1}\right]} \tag{D.44}$$

Nous avons tracé à la figure D.11 les lois d'évolution du rapport précédent en fonction de y^{s*} compris entre 0.4 et 0.9, p prenant les valeurs 1, 2, 3, 4 et 5. On note que $C^{(3\approx)}_{ctg(dyn)}/C^{(3\approx)}_{cndyn}$ est toujours supérieur à l'unité (ce rapport tend vers l'unité par valeurs supérieures pour des valeurs de $p > 1$). Il apparaît qu'il est possible de négliger les effets de la composante normale, comparativement à ceux engendrés par la composante tangentielle, pour les valeurs 1, 2 et 3 de p lorsque y^{s*} vaut 0.8172 (cas des moteurs statiques 3). Pour p élevé, les effets de la composante normale ne peuvent être ignorés quelle que soit la valeur de y^{s*}. Pour de faibles valeurs de y^{s*} les pertes fer dynamiques dues aux composantes tangentielle et normale sont du même ordre de grandeur pour $p > 1$, ce que laisse également apparaître de manière implicite la figure D.5.

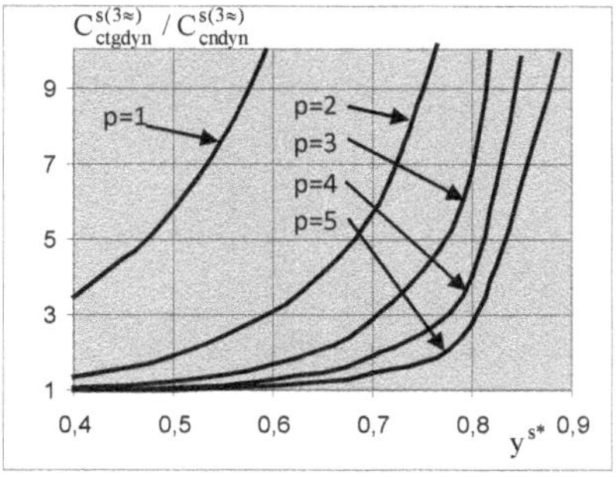

FIGURE D.11 – Evolution de $C^{(3\approx)}_{ctg(dyn)}/C^{(3\approx)}_{cndyn}$ en fonction de y^{s*}, paramètre p.

D.3 Comparaison des effets suivant la nature du champ

- **Paramètre de comparaison.** Comme, de manière générale, l'induction crête $\hat{b}^s_c$ sur la hauteur de la culasse varie, afin de comparer les effets en termes de pertes fer, il convient de définir un paramètre commun pour les différentes structures. Nous adopterons comme paramètre la quantité $\left\langle \hat{b}_c^s \right\rangle$ qui représente la valeur moyenne de l'induction crête sur la hauteur de la culasse. Pour nos comparaisons nous allons considérer en champ tournant, comme en champ unidirectionnel, des culasses de hauteur h_s^c. Au niveau des différentes relations relatives au champ tournant, il convient de confondre $R_{cmoy}^{\prime s}$ avec R_{cmoy}^s et de définir y^{s*} par R_{cint}^s/R_{ext}^s.

- **Cas d'un champ unidirectionnel avec distribution uniforme de l'induction.** Les pertes dynamiques sont données par les relations D.9 et D.10 que nous rappelons ci après :

$$P_{c(dyn)}^{s(\approx)} = C_{c(dyn)}^{(\approx)} \hat{b}_c^{s2} f^2 d^2 \qquad D.9$$

$$C_{c(dyn)}^{(\approx)} = \frac{\pi^3 \wp_{cm}^s k_f^s h_s^c R_{cmoy}^s}{4\rho} \qquad D.10$$

Il est évident que dans ce cas nous avons l'égalité :

$$\left\langle \hat{b}_c^s \right\rangle = \hat{b}_c^s \qquad (D.45)$$

- **Cas d'un champ unidirectionnel avec distribution non uniforme de l'induction.** Dans ce cas, l'expression des pertes fer dynamiques, résultent des relations D.19 et D.20 également rappelées ci après :

$$P_{c(dyn)}^{\prime s(\approx)} = C_{c(dyn)}^{\prime(\approx)} \hat{b}_{cext}^{s2} f^2 d^2 \qquad D.19$$

$$C_{c(dyn)}^{\prime(\approx)} = C_{c(dyn)}^{(\approx)} R_{ext}^s / R_{cint}^s \qquad D.20$$

La relation D.12 qui définit la loi de variation de l'induction sur la hauteur de la culasse permet d'écrire que :

$$\hat{b}_c^s = \hat{b}_{cext}^s R_{ext}^s / R^s \qquad (D.46)$$

On en déduit que :

$$\left\langle \hat{b}_c^s \right\rangle = \frac{\hat{b}_{cext}^s R_{ext}^s}{h_s^c} \int_{R_{cint}^s}^{R_{ext}^s} \frac{dR^s}{R^s}$$

Le développement de ce calcul conduit à : $\left\langle \hat{b}_c^s \right\rangle = \hat{b}_{cext}^s \frac{R_{ext}^s}{h_s^c} \log\left(\frac{R_{ext}^s}{R_{cint}^s}\right)$. On introduisant la variable y^{s*}, il apparaît que :

$$P_{c(dyn)}^{\prime s(\approx)} = K_{(y^{s*})}^{s(\approx)} \left\langle \hat{b}_c^s \right\rangle^2 f^2 d^2 \qquad (D.47)$$

$$K_{(y^{s*})}^{s(\approx)} = C_{c(dyn)}^{(\approx)} \frac{(1 - y^{s*})^2}{y^{s*}(\log y^{s*})^2} \qquad (D.48)$$

L'accroissement des pertes fer dynamiques lié à la répartition non uniforme de l'induction sur la hauteur de la culasse n'est pas très significatif pour des culasses fines, cet effet devient un peu plus marqué pour des hauteurs de culasse plus importantes.

- **Cas d'un champ tournant.** Les courbes tracées à la figure D.7 montrent que $\hat{b}_c^s$ s'identifie avec $\hat{b}_{ctg}^s$. $\hat{b}_{ctg}^s$ donné par D.22 conduit à :

$$\left\langle \hat{b}_c^s \right\rangle = \frac{R_{ext}^s}{h_s^c} \int_{y^{s*}}^{1} \hat{b}_{ctg}^s dy^s$$

$$\left\langle \hat{b}_c^s \right\rangle = \hat{b}_e \frac{R_{ext}^s}{ph_s^c} \frac{\left[(y^s)^p - (y^s)^{-p}\right]_{y^{s*}}^1}{(y^{s*})^{-(p+1)} - (y^{s*})^{(p-1)}}$$

$$\left\langle \hat{b}_c^s \right\rangle = \hat{b}_e \frac{R_{ext}^s}{ph_s^c} \frac{(y^{s*})^{-p} - (y^{s*})^p}{(y^{s*})^{-(p+1)} - (y^{s*})^{(p-1)}}$$

Cette expression, après simplification et compte tenu de la définition de y^{s*}, s'écrit :

$$\left\langle \hat{b}_c^s \right\rangle = \hat{b}_e \frac{y^{s*}}{p(1 - y^{s*})} \tag{D.49}$$

Compte tenu de D.9, il apparaît que $C_{ctg(dyn)}^{(3\approx)}$ donné par D.27 est lié à $C_{c(dyn)}^{(\approx)}$ par la relation :

$$C_{ctg(dyn)}^{(3\approx)} = C_{c(dyn)}^{(\approx)} \frac{g_{tg}(y^{s*}, p)}{1 - y^{s*}} \tag{D.50}$$

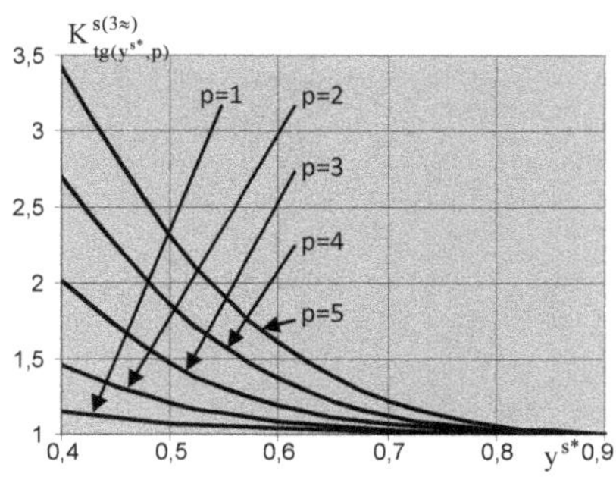

FIGURE D.12 – Evolution de $K_{tg(y^{s*},p)}^{s(3\approx)}$ en fonction de y^{s*2}, paramètre p.

Il en résulte que $P^{s(3\approx)}{}_{ctg(dyn)}$ donné par D.26 s'exprime encore par :

$$P_{ctg(dyn)}^{s(3\approx)} = C_{c(dyn)}^{(\approx)} g_{tg}(y^{s*}, p) \frac{1 - y^{s*}}{y^{s*2}} p^2 \left\langle \hat{b}_c^s \right\rangle^2 f^2 d^2 \tag{D.51}$$

On a donc, à $\left\langle \hat{b}_c^s \right\rangle$ donné, la relation suivante :

$$P_{ctg(dyn)}^{s(3\approx)} = K_{tg(y^{s*},p)}^{s(3\approx)} P_{c(dyn)}^{s(\approx)} \tag{D.52}$$

avec :

$$K^{s(3\approx)}_{tg(y^{s*},p)} = g_{tg}(y^{s*},p)\frac{1-y^{s*}}{y^{s*2}}p^2 \tag{D.53}$$

La figure D.12 présente les lois d'évolution de $K^{s(3\approx)}_{tg(y^{s*},p)}$ en fonction de y^{s*} avec comme paramètre p. On note que $P^{s(3\approx)}_{ctg(dyn)}$ est supérieur à $P^{s(\approx)}_{c(dyn)}$ quelles que soient les valeurs de y^{s*} et de p. Cet effet est particulièrement marqué pour des culasses épaisses (y^{s*} faible). Pour des valeurs de y^{s*} (0.815 par exemple), le pertes fer dynamiques dues aux composantes tangentielles en champs unidirectionnel et tournant sont du même ordre de grandeur.

E

Brevets sur l’application du GO dans les moteurs électriques.

Titre et Inventeurs :	Description :
Stator for a direct current machine Sjoberg, Sven ; Fagerstad, Herlov ; Weng, August.	Noyau magnétique pour machine à courant continu fait en utilisant un empilement de tôles GO en forme de " L ". Le noyau a quatre pôles saillants, quatre segments en forme de " L " et une structure rectangulaire.
High performance magnetic composite for AC applications and a process for manufacturing the same Lemieux. United States Patent 7510766.	Matériau composite ferromagnétique pour des applications en courant alternatif. Il présente des pertes faibles par hystérésis et courants de Foucault.
Stator structure of rotating electric machine and the rotating electric machine Wada, Toshinobu ; Kanaeda, Takasuke. JP2003000015694	Structure statorique pour un moteur Brushless dont la culasse et les dents ont une perméabilité relative différente afin d'atteindre des performances magnétiques de l'ensemble plus importantes.
High-efficiency rotating machine Tomita, Toshiro ; Sano, Naoyuki. JP2003000118870	Moteur à haut rendement fabriqué avec des tôles à grains orientés dont le diamètre moyen des cristaux est optimisé.
Rotor for dynamo-electric machine of the axial airgap type Abe, Michio. United States Patent 3699372	Moteur dynamoélectrique ayant un rotor dont les segments du noyau sont faits avec de l'acier à grains orientés en forme de clavette organisés circulairement.
Permanent magnet electric motor Murakami, Masanori. European Patent Application EP0742635.	Moteur à aimants permanents utilisant des tôles à grains orientés afin d'augmenter l'inductance de l'ensemble. Cette technique rend plus facile le passage du flux depuis le stator.

Titre et Inventeurs :	Description :
Motor T.Hidetaka ; I. Hisao ; K. Tomonori. JP Patent 2005051929	Moteur utilisant des tôles à grain orienté en forme de I empilées dans le rotor afin de rendre plus facile le passage du flux magnétique.
Silicon steel punching orientation modifications to lower eddy current losses at the stator core end of dynamoelectric machines Breznak, Jeffrey M. United States Patent 7057324	Méthode de découpage pour des tôles statoriques à grains orientés, mettant les dents dans le sens de laminage facilitant ainsi le passage du flux dans les dents, ce qui rend les pertes fer moins importantes.
Magnesium methylate coatings for electromechanical hardware Briles, Okey. United States Patent 6524380	Enrobage isolant qui peut s'utiliser dans la fabrication des différents types de machines électriques, contenant du méthylène de magnésium, Alcool méthylique et silice.
Electrical rotating machine. Nakahara, Akihito. European Patent Application EP1633031	Méthode de fabrication d'un moteur utilisant des tôles à grains orientés dans la culasse du stator et des tôles à grains orientés dans les dents.
Magnetic steel sheet for motor stator and split type motor stator Terajima, Takashi ; Senda, Kunihiro. JP Patent 2004099998	Processus de fabrication des tôles statoriques pour moteurs à courant continu avec des tôles à grains orientés.
Steel pipe having excellent electromagnetic properties and process for producing the same Ishiguro, Kawabata. US Patent Application 20080011389	Processus de fabrication d'un tube utilisé en tant que blindage magnétique pour les stators, utilisant un tube d'acier ayant moins de 0.5% C et plus de 85% Fe.
Tôle de machine tournante électrique à grains orientés Delavie, Claude. WO/2001/034850	Processus de fabrication des tôles à machine tournante pour la production de stators ayant des éléments dont on sélectionne le sens d'orientation des grains.

Titre et Inventeurs :	Description :
Lightweight high power electromotive device and method for making the same Rice, Milton ; Kessens, Norman. United States Patent 5554902	Machine tournante utilisant des tôles segmentées à grains orientés et proposition d'un processus de fabrication.
Efficient high-speed electric device using low-loss materials Hirzel, Andrew ; Day, Jeffrey. European Patent Application EP2027638	Machine électrique capable de travailler à haute fréquence de commutation, ayant un stator fait avec des matériaux magnétiques doux à basses pertes, où le matériau magnétique est du métal amorphe ou du métal monocristallin.
Stator core motor and its manufacture Asano, Yoshinari ; Morishige, Takeshi. JP10271716	Stator dont la culasse et les dents sont construits utilisant des tôles segmentées à grains orientés. Mettant leurs directions de laminage dans le sens de circulation du flux magnétique.
Plane opposed type motor Inoue, Hiroshi ; Koda, Minoru. JP1984000269717	Moteur ayant un bobinage statorique fait avec de l'acier à grains orientés et un butoir qui absorbe les vibrations axiales.
Motor and its manufacture Baba, Kazuhiko ; Kawaguchi, Hitoshi. JP10285845	Moteur ayant des faibles pertes fer utilisant des tôles segmentées à grains orientés dans le stator mettant le sens de laminage de tôles dans le même sens de circulation que le flux magnétique.
Small DC motor. Tawara, Satoru. JP Patent 11041894	Petit moteur à courant continu, ayant une tôle à grains orientés près du support afin de réduire les bruits magnétiques créés par le commutateur et son balai.
Plane core of rotating machine Kaido Tsutmu. JP1992000094563	Noyau magnétique de stator fait avec des tôles à grains orientés, ayant la direction de laminage dans le sens de passage du flux magnétique.
Long magnetic steel plate for spiral core and manufacture there of. Kaido, Tsutomu.	Tôles à grains orientés pour moteurs linéaires.

Titre et Inventeurs :	Description :
Reluctance motor. Kaido, Tsutomu ; Wakizaka, Takeaki.	Moteur pour des transducteurs énergétiques, ayant un rotor fait avec des tôles à grains orientés.
Magnetic steel sheet for manufacture of laminated iron core used in stator of motor - includes specific proportion of oxide formed on one surface side of sheet, compared to oxygen porportion. JP1998000182523	Enrobage pour des tôles à grains orientés qui est appliqué dans le sens de laminage des tôles, afin de stabiliser la force adhésive des tôles.
Exiter, field system unit and motor using these. Hirayama, Takashi ; Fujii, Akira. JP2002000371284	Stator ayant des dents faites avec des tôles à grains orientés et culasse faite avec des tôles à grains non orientés.
Electric machine with soft magnetic teeth Hill, Wolfgang. United States Patent 6960862	Moteur pas à pas ayant les dents du stator faites avec des tôles à grains orientés.
Electrical machine having a stator core of grain-oriented laminations Spirk, Franz. European Patent EP0034561	Tôle statorique à grains orientés, orienté parallèlement aux dents statoriques permettant une réduction du courant d'excitation, ce qui permet d'avoir des entrefers plus importants donnant à la machine une stabilité mécanique plus importante.

Bibliographie

Adler, E. & Pfeiffer, H. (1974), 'The influence of grain size and impurities on the magnetic properties of the soft magnetic alloy', *IEEE Trans. Magn* **10**, 172–174.

Alger, P. L. (1965), *The nature of induction machines*, Gordon and Breach.

Amar, M. & Protat, F. (1994), 'A simple method for the estimation of power losses in silicon ironsheets under alternating pulse voltage excitation', *IEEE Trans. Magn* **30**, 942–944.

ASTM-A976 (2003), 'Standard classification of insulating coatings by composition relative insulating ability and application', ASTM International standards.

Barros, J., Ros-Yañez, T. & Vandenbossche, L. (2005), 'The effect of si and al concentration gradients on the mechanical and magnetic properties of electrical steel', *Journal of Magnetism and Magnetic Materials* **290-291**, 1457–1460.

Baumgartinger, N. & Pfützner, H. (2000), 'Practical relevance of the "hard directions" of h.g.o. si-fe', *Journal of Magnetism and Magnetic Materials* **215-216**, 147–149.

Bavay, J. & Verdun, J. (1991), Alliages fer-silicium, Technical Report D2110, Techniques de l'Ingénieur, traité Génie électrique.

Beckley, P. (2000), *Electrical Steels*, number ISBN-10 :095400390X, European electrical steels.

Beckley, P. (2002), *Electrical steels for rotating machines*, number ISBN : 0-85296-980-5, IEE.

Belhadj, A., Baudouin, P. & Breaban, F. (2003), 'Effect of laser cuting on microstructure and on magnetic properties of grain non-oriented electrical steels', *J. Magn. Magn. Mater.* **256**, 20–31.

Belobrajic, R. (2000), 'Magnetic core of electric rotational machines made of grain-oriented sheets'.

Bertotti, G. (1988), 'General properties of power losses in soft ferromagnetic materials', *IEEE Transactions on magnetics* **24**(1), 621 – 630.

Bertotti, G. (1998), *Hysteresis in Magnetism For Physicists, Materials Scientists, and Engineers*, number ISBN-10 : 0120932709, Academic Press Inc.

Bertotti, G. & Boglietti, A. (1991), 'An improved estimation of iron losses in rotating electrical machines', *IEEE Trans. Magn* **27**, 5007–5009.

Bertotti, G. & Pasquale, M. (1992), 'Physical interpretation of induction and frequency dependence of power losses in soft magnetic materials', *IEEE Trans. Magn* **28**, 2787–2789.

Bouchard, R. P. & Olivier, G. (1997), *Conception de moteurs asynchrones triphasés*, number ISBN-13 : 9782553006159, Presses Internationales Polytechnique.

Bozorth, R. M. (1951), *Ferromagnetism*, IEEE Press.

Brissoneau, P. (1997), *Magnetisme et materiaux magnetiques*, number ISBN : 2-86601-579-7, Hermes Science Publications.

Brissoneau, P., Quenin, Q. & Verdun, J. (1995), *Hot rolled magnetic steel sheet*, number EP0401098, European patent.

Brudny, J. (1997), 'Modélisation de la denture des machines asynchrones. phénomènes de résonance', *J. Phys. III* **7**(5), 1009–1023.

Brudny, J., Cassoret, B., Lemaitre, R. & Vincent, J. (WO 2009/030779 A1), 'Magnetic core and use of magnetic core for electrical machines'.

Brudny, J. F. & Romary, R. (2010), *Studies in Applied Electromagnetics and Mechanics - Analysis of the Slotting Effect on the Induction Machine Dynamic Iron Losses*, number ISBN 978-1-60750-603-4, IOS Press, chapter 2, pp. 25–73.

Brutsaert, P. & Laloy, D. (2006*a*), *Construction des machines tournantes. Elements constitutifs*, d3571 edn, Techniques de l'ingénieur.

Brutsaert, P. & Laloy, D. (2006*b*), *Construction des machines tournantes. Machines à courant alternatif*, d3572 edn, Techniques de l'ingénieur.

Casteras, N., Walti, O. & Brudny, J. (2007), Impact of rotor bar materials on domestic heating circulator pump performances, *in* 'Electrical Machines and Power Electronics, 2007. ACEMP '07. International Aegean Conference on'.

Chatterjee, S., Bhattacharjee, D. & Gope, N. (2003), 'Variation in structure and magnetic properties during decarb-annealing of electrical steel', *Scripta Materialia* **49**, 355–360.

Corino, S., Romero, E. & Mantilla, L. (2008), Energy savings by means of energy efficient electric motors, *in* 'International Conference on Renewable Energies and Power Quality 2008'.

Couderchon, G. (1998), Alliages magnétiques doux, Technical Report D2110, Techniques de l'Ingénieur, traité Génie électrique.

de Almeida, A., Fonseca, P. & Bertoldi, P. (2003), 'Energy-efficient motor systems in the industrial and in the services sectors in the european union : characterisation, potentials, barriers and policies', *Energy* **28**, 673–690.

de Almeida, A., Fonseca, P. & Ferreira, F. (2000), Improving the penetration of energy-efficient motors and drives, Technical report, ISR University of Coimbra (Portugal).

de Almeida, E. L. F. (1998), 'Energy efficiency and the limits of market forces : The example of the electric motor market in france', *Energy Policy* **26**, 643–653.

de Almeidaa, A. & Fonsecaa, P. (2003), 'Market transformation of energy-efficient motor technologies in the eu', *Energy Policy* **31**, 563–575.

de Campos, M., Teixeira, J. & Landgraf, F. (2006), 'The optimum grain size for minimizing energy losses in iron', *Journal of Magnetism and Magnetic Materials* **301**, 91–99.

Dupré, L. R. & Fiorillo, F. (2000), 'Rotational loss separation in grain-oriented fe-si', *Journal of Applied Physics* **87**, 6511 - 6513.

EN10106 (1996), 'Cold rolled non-oriented electrical steel sheet and strip delivered in fully processed state'.

Findlay, R. & Stranges, N. (1994), 'Losses due to rotational flux in three pahse induction motors', *IEEE Trans. Magn* **9**, 543–549.

Fitzgerald, A. E., Kingsley, C. & Umans, S. D. (1990), *Electric Machinery*, McGraw-Hill College.

Graham, C. D. (1982), 'Physical origin of losses in conducting ferromagnetic materials', *J. Appl. Phys.* **53**, 8276 -8280.

Hanitsch, R. (2002), Energy efficient electric motors, *in* 'World Climate & Energy Event'.

Hihat, N., Lecointe, J., Duchesne, S., Napieralska, E. & Belgrand, T. (2010*a*), 'Experimental method for characterizing electrical steel sheets in the normal direction', *Sensors* **10**, 9053–9064.

Hihat, N., Lopez, S. & Cassoret, B. (2010*b*), 'Characterization of electrical steel disc stacks for the development of new circular magnetic circuits', *Przeglad Elektrotechniczny* **5/2010**(ISSN 0033-2097), 145–148.

Hihat, N., Napieralska, E. & Lecointe, J. (2009), 'Magnetic flux distribution in an anisotropic structure with step-lap joints', *European Journal of Engineering Education.*

IEC-60034-2 (2007), 'Méthodes normalisées pour la détermination des pertes et du rendement à partir d'essais', International Electrotechnical Commission.

IEC-60034-30 (2008), 'Machines électriques tournantes-partie 30 : Classes de rendement pour les moteurs à induction triphasés à cage,mono vitesse (code ie)', International Electrotechnical Commission.

IEC-60404-2 (1996), 'Méthodes de mesure des propriétés magnétiques des tôles et bandes magnétiques au moyen d'un cadre epstein', International Electrotechnical Commission.

Ionel, D. M., Popescu, M. & Dellinger, S. (2006), 'On the variation with flux and frequency of the core loss coefficients in electrical machines', *IEEE Trans. Magn* **42**, 658–667.

Ionel, D. M., Popescu, M. & McGlip, M. I. (2007), 'Computation of core losses in electrical machines using improved models for laminated steel', *IEEE Transactions on magnetics* **43**(6), 1554–1564.

Jancovici, J. M. & Grandjean, A. (2006), *Le plein, s'il vous plait, la solution au problème de l'énergie.*

Kim, Y. H., Ohkawa, M. & Ishiyama, K. (1993), 'Iron loss of grain size controlled very thin grain - oriented silicon steels', *IEEE Trans. Magn* **29**, 3535–3537.

Kwangsoo, K., Seung-Bin, L. & Ju, L. (2009), Design of rotor slot of single phase induction motor with copper die-cast rotor cage for high efficiency, *in* 'Telecommunications Energy Conference, 2009. INTELEC 2009. 31st International', pp. 1 –4.

Lopez, S., Cassoret, B. & Brudny, J. (2009*a*), 'Validation of high efficiency ac rotating electrical machine magnetic circuit by particular tests at standstill', *Proceedings of SMM 19*.

Lopez, S., Cassoret, B. & Brudny, J. F. (2009*b*), 'Grain oriented steel assembly characterization for the development of high efficiency ac rotating electrical machines', *IEEE Trans. Magn.* **45**, 4161–4164.

Marketos, P., Zurek, S. & Moses, A. (2007), 'A method for defining the mean path length of the epstein frame', *IEEE Trans. Magn* **43**, 2755–2757.

McCoy, G. A., Litman, T. & Douglass, J. G. (1993), Energy-efficient electric motor selection handbook, Handbook, Washington State Energy Office.

Meyer, S. L. (1975), *Data analysis for scientist and engineers*, Library of congress cataloging in publication data.

Moses, A. J. (1973), 'Measurement of rotating flux in silicon iron laminations', *IEEE Trans. Magn* **9**, 651 – 654.

Moses, A. J. (1989), 'Effects of stress on iron loss and flux density distribution of an induction motor stator core', *IEEE Trans. Magn* **25**, 4003–4005.

Moses, A. J. (1990), 'Electrical steel : Past, present and future developments', *Physical Science, Measurement and Instrumentation, Management and Education, IEE Proceedings A* **137**, 233–245.

Moses, A. J. & Hamadeh, S. (1983), 'Comparison of the epstein-square and a single-strip tester for measuring the power loss of non-oriented electrical steels', *IEEE Trans. Magn* **19**, 2705–2710.

Nencib, N. (1992), Conception et validation d'un dispositif de caractérisation magnétique sous excitation bidimensionnelle., PhD thesis, Institut Polytechnique de Grenoble.

Page, J. (1984), 'Some observations on the magnetic anisotropy of non-oriented 3 % si steels', *IEEE Transactions on magnetics* **20**(5), 1542–1544.

Pfützner, H. (1994), 'Rotational magnetization and rotational losses of grain oriented silicon steel sheets-fundamental aspects and theory', *IEEE Transactions on magnetics* **30**, 2082–2807.

Roshen, W. (2005), Iron loss model for pm synchronous motors in transportation, *in* 'Vehicle Power and Propulsion, 2005 IEEE Conference', p. 4.

Saidur, R. (2009), 'A review on electrical motors energy use and energy savings', *Renew Sustain Energy Rev.*

Seo, J., Chung, T., Lee, C., Jung, S. & Jung, H. (2009), 'Harmonic iron loss analysis of electrical machines for high-speed operation considering driving condition', *IEEE Trans. Magn* **45**, 4656 –4659.

Shiozaki, M. & Kurosaki, Y. (1989), 'Anisotropy of magnetic properties in non-oriented electrical steel sheets', *Textures and microstructures* **11**, 159–170.

Steinmetz, C. (1984), 'On the law of hysteresis', *Proceedings of the IEEE* **72**, 197–221.

Tenhunen, A. & Holopainen, T. (2003), 'Spatial linearity of an unbalanced magnetic pull in induction motors during eccentric rotor motions', *COMPEL* **22**, 4.

TKES (2004), *Nos produits. Les tôles magnétiques à grains orientés PowerCore*, Thyssen-Krupp Electrical Steel., Kurt-Schumacher-Str. 95 45881 Gelsenkirchen / Allemagne.

Tomida, T. & Sano, N. (2005), 'Application of fine-grained doubly oriented electrical steel to ipm synchronous motor', *IEEE Trans. Magn* **41**, 4063–4065.

Turowski, J. (1993), *Elektrodynamika Techniczna*.

Wuppermann, C. D. & Schoppa, A. (2008), Electrical steel sheet and strip - publication 401-e, Technical report, Stahl-informations-Zentrum.

Résumé

Le travail présenté porte sur la définition et le développement d'un circuit magnétique pour moteurs à haut rendement de faible et moyenne puissances. Il est réalisé avec des tôles à Grains Orientés (GO) non-segmentées.
Des expérimentations réalisées en champ unidirectionnel, destinées à comparer les caractéristiques globales de la structure GO à celles obtenues sur un assemblage classique composé de tôles à grains Non-Orientés (NO), permettent de conclure quant à l'efficacité de l'association proposée en termes de pertes fer. Des investigations au niveau local, accompagnées d'une modélisation numérique, conduisent à une analyse de la répartition interne du flux magnétique dans la structure, permettant de l'optimiser. Cette technique d'assemblage est ensuite testée en champ tournant sur des moteurs statiques. Les performances obtenues, sont de nouveau comparées à celles relevées sur une maquette NO.
L'étape finale consiste à tester le principe développé sur des moteurs à induction réalisés avec la configuration GO. Diverses caractéristiques sont relevées ou estimées (norme CEI) et comparées à celles de la machine NO d'origine. L'efficacité de la structure GO se traduit par une réduction notable des pertes fer, notamment statiques, conduisant à accroître sensiblement le rendement global de la machine.

Mots-clés: Acier magnétique, Circuit magnétique, Moteurs à haut rendement, Pertes fer.

Abstract

The work presented is focused on the design and development of a magnetic circuit for high efficiency motors of medium and small powers. It is built with non-segmented laminations of Grain Oriented (GO) steel.
Experimentations on magnetic circuits excited under unidirectional magnetic field are performed. Such tests aim the comparison of the GO structure global characteristics with those of a classic one composed of Non-Oriented (NO) steel, allowing seeing the superiority of the GO structure in terms of iron losses. Local experimentations, followed by a numerical model, allow the analysis of the local distribution of the magnetic flux within the structure, leading to its optimisation. Such technique of assembly is then tested under rotational magnetic field. In that context, several experimentations are performed and its performance is compared with the one of a NO prototype.
The final stage consists in testing the developed structure in induction motors built with this GO assembly. Several characteristics are measured or estimated (IEC standard) and compared with those obtained on the initial NO motor. The GO structure efficiency leads to a remarkable reduction of the static losses, allowing the increase of the global efficiency of the motor.

Keywords: Electrical steel, magnetic cores, high efficiency motors, Iron losses.

www.ingramcontent.com/pod-product-compliance
Lightning Source LLC
Chambersburg PA
CBHW021043210326
41598CB00016B/1095